U0296191

普通高等教育土建学科专业"十二五"规划教材
全国住房和城乡建设职业教育教学指导委员会建筑与规划类
专业指导委员会规划推荐教材

城乡规划管理实务

（城乡规划专业适用）

本教材编审委员会组织编写

李伟国　主编

陈万义　袁　乐　副主编

中国建筑工业出版社

图书在版编目（CIP）数据

城乡规划管理实务／李伟国主编．—北京：中国建筑工业出版社，2017.8
全国住房和城乡建设职业教育教学指导委员会建筑与规划类专业指导委员会
规划推荐教材
ISBN 978-7-112-21041-1

Ⅰ．①城…　Ⅱ．①李…　Ⅲ．①城乡规划－城乡管理－中国－高等职业教育－
教材　Ⅳ．① TU984.2

中国版本图书馆CIP数据核字（2017）第180814号

　　本教材从高职学生的学习思维模式出发，构建了基于工作过程导向的内容体系，包括基础知识、规划编制组织与审批、规划实施管理、规划监察、乡村规划管理和拓展专项6个模块。书中介绍了各项相关的法律法规，并配有大量规划管理实际案例，还增加了章节导读、知识点滴和思考题等内容，使读者可以以实际案例为载体，将理论知识与岗位技能融为一体，实现学习与就业的零距离对接。

　　本教材可作为高职院校城乡规划、建筑设计、房地产经营与管理及相关专业的教材或参考书，也可作为基层规划管理人员培训用书。

　　为更好地支持本课程的教学，我们向使用本书的教师免费提供教学课件，有需要者请与出版社联系，邮箱：cabp_gzgh@163.com。

责任编辑：杨　虹　尤凯曦　朱首明
责任校对：李欣慰　王雪竹

普通高等教育土建学科专业"十二五"规划教材
全国住房和城乡建设职业教育教学指导委员会建筑与规划类专业指导委员会规划推荐教材
城乡规划管理实务
（城乡规划专业适用）
本教材编审委员会组织编写

李伟国　主编
陈万义　袁　乐　副主编

*

中国建筑工业出版社出版、发行（北京海淀三里河路9号）
各地新华书店、建筑书店经销
北京嘉泰利德公司制版
北京建筑工业印刷厂印刷

*

开本：787×1092毫米　1/16　印张：7　字数：149千字
2017年8月第一版　2017年8月第一次印刷
定价：23.00元（赠课件）
ISBN 978-7-112-21041-1
（30679）

编审委员会名单

主　任：季　翔

副主任：朱向军　周兴元

委　员（按姓氏笔画为序）：

王　伟　甘翔云　冯美宇　吕文明　朱迎迎

任雁飞　刘艳芳　刘超英　李　进　李　宏

李君宏　李晓琳　杨青山　吴国雄　陈卫华

周培元　赵建民　钟　建　徐哲民　高　卿

黄立营　黄春波　鲁　毅　解万玉

前　　言

　　本教材从高职学生的学习思维模式出发，构建了基于工作过程导向的内容体系，按照规划管理工作的主要环节情景模拟，内容模块化，将教材分成了6大模块，模块1：基础知识；模块2：规划编制组织与审批；模块3：规划实施管理；模块4：规划监察；模块5：乡村规划管理；模块6：拓展专项。内容有机地将法律法规合理穿插其中，同时引用大量规划管理实际案例，直观又生动，使读者了解规划管理的实务环节及流程。除附有大量管理案例外，还增加了章节导读、知识点滴、特别提示等。此外，还附有综合实训练习。读者可以以实际案例为载体，将理论知识与岗位技能融为一体，突出职业教育注重技能培养的特点，实现学习与就业的零距离对接。

　　本教材可作为高职院校城乡规划、建筑设计、房地产经营与管理及相关专业的教材或参考书，也可作为基层规划管理人员培训用书。

　　本教材由浙江建设职业技术学院李伟国担任主编，负责全书稿件的审核工作；浙江建设职业技术学院的陈万义任副主编负责模块1、模块2的编写任务；浙江苍南县住建局孔令散与浙江建设职业技术学院陈万义共同完成模块3的编写任务；常州职业技术学院袁乐任副主编，负责模块4的编写任务；浙江建设职业技术学院的朱翠萍负责模块5、模块6的编写任务并担任全书统排任务。

　　本教材编写过程中，参考和引用大量实际工程的规划设计与规划管理的案例，得到了有关单位人员的大力支持帮助，在此谨表示感谢！由于编者认识有限，难免存在不成熟和错误之处，望请各位读者批评指正，提出改进意见，便于今后修订。

目　录

模块 1　基础知识 ··· 1

1.1　规划管理内容构成 ······························· 4

1.2　规划管理依据与体制 ··························· 6

1.3　规划管理方法与手段 ··························· 11

模块 2　规划编制组织与审批 ··············· 15

2.1　编制法定主体 ······································· 18

2.2　编制过程管理 ······································· 19

2.3　规划修改 ··· 29

模块 3　规划实施管理 ··························· 35

3.1　城乡规划选址管理 ······························· 38

3.2　建设工程设计方案核准 ······················· 46

3.3　建设用地规划管理 ······························· 50

3.4　建设工程规划管理 ······························· 53

模块 4　规划监察 ································· 59

4.1　城乡规划监察 ······································· 61

4.2　行政复议与诉讼 ··································· 72

模块 5　乡村规划管理 ··························· 79

5.1　乡村规划编制和审批 ··························· 82

5.2　乡村规划管理 ······································· 85

模块 6　拓展专项 ································· 91

6.1　市政工程规划管理 ······························· 95

6.2　阳光规划与公众参与 ··························· 104

参考文献 ··· 106

模块 1　基础知识

教学要求

通过本模块学习，基本掌握规划管理内容，熟悉规划管理依据、方法与手段。

教学目标

能力目标	知识要点	权重	自测分数
掌握规划管理内容	构成与关系		
熟悉规划管理依据	框架与类型		
熟悉规划管理方法	方法与内涵		
熟悉规划管理手段	原则与手段		

【章节导读】

　　随着城市化、工业化进程不断推进，在我国实施城乡统筹新型城镇化背景下，要实现城乡人居环境的美化和城乡综合功能的发挥（图1-1），满足人民生活水平提高的需求和社会经济可持续发展的需要，每用一寸地，每建一栋楼，每造一条路，每修一座桥都要有规矩。必须先有规划而后按规划建设，那么规划好、建设好、管理好各自行政辖区就是各级政府城乡规划管理部门的职责，作为各级人民政府履行城乡规划管理职责的规划行政主管部门具体管什么？如何管？

图1-1　城乡风貌

【知识点滴】我国城乡规划管理演变历史

　　从历史上看政府都不缺乏对城市建设标准规格的控制约束与具体建设的管理。国际现代意义上的城市规划法治始于1909年的英国❶，而我国在20世纪初期，重要城市的地方政府才设置建筑、市政设施开发管理的专门机构，行使对开发建设的许可审批和对违章建设的惩罚权。新中国成立前城市规划管理只能局限于建筑许可、违章防止，远未达到对土地使用的全面控制。

　　新中国成立的60多年城市规划的发展历史，可按前30年和后30多年两个阶段划分。前30年，是计划经济体制下的城市规划，借鉴学习的是苏联模式与体制，先有计划后有城市规划，城市规划是计划的延续，规划以

---

❶　1909年，英国通过了第一部涉及城市规划的法律（Housing，Town Planning etc1Act，1909）

行政与技术手段进行管理，没有城市规划，工业项目就不能定点。后30多年，是社会主义市场经济体制建立健全完善下的探索转型期与建立期，借鉴的是欧美市场经济发达国家的法治模式与体制。1984年1月5日，国务院出台了《城市规划条例》，标志着我国规划管理步入法治时代。1989年12月26日出台了《中华人民共和国城市规划法》，2008年1月1日出台了《中华人民共和国城乡规划法》（以下简称《城乡规划法》），我国城乡规划工作进入市场经济体制下城乡全覆盖法治的崭新阶段，城乡规划管理走上依法行政的轨道。

2013年12月12日中央城镇化工作会议指出：

城市规划要由扩张性规划逐步转向限定城市边界、优化空间结构的规划。城市规划要保持连续性，不能政府一换届、规划就换届。编制空间规划和城市规划要多听取群众意见、尊重专家意见，形成后要通过立法形式确定下来，使之具有法律权威性。城镇化与工业化一道，是现代化的两大引擎。走中国特色、科学发展的新型城镇化道路，核心是以人为本，关键是提升质量，与工业化、信息化、农业现代化同步推进。城镇化是长期的历史进程，要科学有序、积极稳妥地向前推进。

城市建设水平，是城市生命力所在。城镇建设，要实事求是确定城市定位，科学规划和务实行动，避免走弯路；要体现尊重自然、顺应自然、天人合一的理念，依托现有山水脉络等独特风光，让城市融入大自然，让居民望得见山、看得见水、记得住乡愁；要融入现代元素，更要保护和弘扬传统优秀文化，延续城市历史文脉；要融入让群众生活更舒适的理念，体现在每一个细节中。建筑质量事关人民生命财产安全，事关城市未来和传承，要加强建筑质量管理制度建设，对导致建筑质量事故的不法行为，必须坚决依法打击和追责。在促进城乡一体化发展中，要注意保留村庄原始风貌，慎砍树、不填湖、少拆房，尽可能在原有村庄形态上改善居民生活条件。

中共中央总书记习近平对深入推进新型城镇化建设作出重要指示强调，城镇化是现代化的必由之路。党的十八大以来，党中央就深入推进新型城镇化建设作出了一系列重大决策部署。下一步，关键是要凝心聚力抓落实，蹄疾步稳往前走。新型城镇化建设一定要站在新起点、取得新进展。要坚持以创新、协调、绿色、开放、共享的发展理念为引领，以人的城镇化为核心，更加注重提高户籍人口城镇化率，更加注重城乡基本公共服务均等化，更加注重环境宜居和历史文脉传承，更加注重提升人民群众获得感和幸福感。要遵循科学规律，加强顶层设计，统筹推进相关配套改革，鼓励各地因地制宜、突出特色、大胆创新，积极引导社会资本参与，促进中国特色新型城镇化持续健康发展。

1.1 规划管理内容构成

城乡规划管理主要是对城乡的各项建设用地进行统筹安排和对各项建设活动实施管控的行政管理活动,这项工作具有以下属性:

一是公共属性,包括公共政策属性和公共服务职能,属政府对社会公共事务的行政管理;

二是科学技术属性,属有规划学科背景、专业性较强的行政管理工作。

规划管理的具体内容包括:城乡规划编制组织与审批管理、实施管理、规划监察和勘测与规划设计市场监管等。这些内容之间既相对独立又相互联系,是个有机整体,编制组织与审批管理是基础,规划实施管理是关键,规划监察是保障(图1-2)。

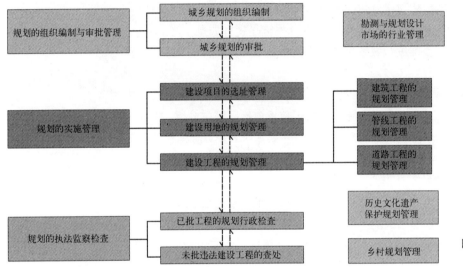

图1-2 城乡规划管理
内容组成框图

1.1.1 规划的编制组织与审批管理

1.1.1.1 依法组织城乡规划的编制

规划行政主管部门依法组织或监督规划编制主体组织各层次法定城乡规划的制定和非法定城乡专项规划的制定,引导和控制城乡开发建设,达到有规划且规划要有质量、先规划后建设的工作目标。包括规划编制年度计划制订、规划编制项目经费的落实、规划编制项目的委托和规划编制过程管理。

【特别提示】

1. 城乡规划分法定规划与非法定规划,非法定规划是法定规划的有益补充。在我国城乡规划体系中真正具有法律约束力的是控制性详细规划。

2. 先规划后建设是城乡开发建设的原则。

3. 城乡规划质量直接关系到建设水平。

1.1.1.2 依法审批规划

城乡规划只有依法经过审查批准后才能具备法律效力，才能作为规划管理依据，才能有效约束城乡开发建设行为。城乡规划有严格的法定审批程序，并实行分级审批制度和公共参与机制。

【特别提示】
1. 城乡规划的公共政策属性只有经过多方参与才得以体现；
2. 规划经法定程序审批才有法律效力；
3. 非法定规划内容一般要融入法定的控制性详细规划中才能发挥作用。

1.1.2 规划的实施管理

"三分规划，七分管理"。好的规划，需要通过好的实施管理，才能实现改善人居环境，为各行各业提供有效发展空间，进而促进社会经济发展的预期目标。规划实施管理通过以下几个管理环节来实现：

1. 公益性建设项目选址管理；
2. 经营性国有土地使用权出让规划管理即规划条件管理；
3. 建设工程设计方案审查；
4. 建设用地规划许可；
5. 建设工程规划许可。

【特别提示】
法律以"一书两证"的管理制度对建设项目实施规划管理；乡村规划实施管理实行乡村建设规划许可证制度，确保各项建设符合规划。

1.1.3 规划监察

在实际工作中，主要是指对管理相对人的监督检查，主要包括的内容有：

1. 已批建设工程的规划行政检查

对已批建设工程是否按照审批规定进行建设进行检查，并对改变审批规定的行为进行处罚，并责令其限期改正。

2. 未批违法建设工程的查处

对未批先建的违法建设工程进行处罚，严重违反规划的拆除并处罚款。

3. 建设工程规划验收确认

竣工验收前，检查核实有关建设工程是否符合规划条件。

【特别提示】
通过规划监察检查使违法建设无利可图，杜绝违法建设，确保规划严肃性和各项建设按规划进行，使城乡规划顺利实施。

1.1.4 测绘与规划设计市场监管

1. 地形图测绘市场监管

测绘行政主管部门（一般与规划主管部门合设）负责本行政区域测绘工作的统一监督管理，包括测绘资质管理、测绘人员测绘作业证件核发、地形图测绘成果质量验收与保管和永久性测量标志保管。

2. 规划设计市场监管

规划主管部门对规划设计行业资质等级管理与经营范围监管。

> 【特别提示】
>
> 　　勘测与规划设计市场监管的目的是确保从业人员的素质与从业机构技术力量，进而从源头上保障地形图测绘成果与规划设计的质量。

1.2 规划管理依据与体制

1.2.1 规划管理依据

城乡规划管理属行政管理，其管理活动是依法行政，其依据主要有法律法规、技术规范和法定规划。

1.2.1.1 法律法规

1. 我国城乡规划法规纵向体系的构成（图1-3、表1-1）

(1)《城乡规划法》

(2) 行政法规

(3) 地方法规

(4) 部门规章

(5) 地方规章

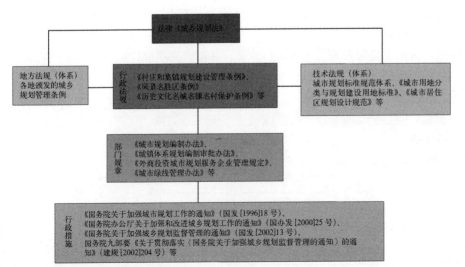

图1-3 中国城乡规划法规体系框架

我国现行城乡规划法规纵向主要法规体系　　　　表1—1

类别		法律法规和规章名称	颁布日期	施行日期
法律		中华人民共和国城乡规划法	2007.10.28	2008.01.01
		中华人民共和国测绘法	2002.08.29	2002.12.01
行政法规		村庄和集镇规划建设管理条例	1993.06.29	1993.11.01
		历史文化名城名镇名村保护条例	2008.04.22	2008.07.01
部门规章	城市规划编制	城市规划编制办法	2005.12.31	2006.04.01
		历史文化名城名镇名村保护规划编制要求（试行）	2012.11.16	2012.11.16
		近期建设规划工作暂行办法	2002.08.29	2002.08.29
		城市规划强制性内容暂行规定	2002.08.29	2002.08.29
		城市总体规划审查工作规则	1999.04.05	1999.04.05
	城市规划实施管理	建设项目选址规划管理办法	1991.08.23	1991.08.23
		城市国有土地使用权出让转让规划管理办法	1992.12.04	1993.01.01
		建制镇规划建设管理办法	1995.06.29	1995.07.01
		城市地下空间开发利用管理规定	2001.11.20	2001.11.20
		城市抗震防灾规划管理规定	2003.09.19	2003.11.01
		城市绿线管理办法	2002.09.13	2002.11.01
		城市紫线管理办法	2003.11.15	2004.02.01
		城市蓝线管理办法	2005.11.28	2006.03.01
		城市黄线管理办法	2005.11.08	2006.03.01
		停车场建设和管理暂行规定	1988.10.03	1989.01.01
	城市规划监督检查	城建监察规定	1996.09.22	1996.09.22
	城市规划行业管理	城乡规划编制单位资质管理规定	2001.01.23	2001.03.01
		注册城市规划师执业资格制度暂行规定	1999.04.07	1999.04.07

　　2. 城乡规划管理也受到相关方面法律、行政法规和有关部门规章的制约，横向法规体系有（表1—2）：

　　（1）《土地管理法》

　　（2）《环境保护法》

　　（3）《文物保护法》

　　（4）《消防法》

　　（5）《建筑法》

　　（6）《行政许可法》

　　（7）《行政诉讼法》

　　（8）《行政赔偿法》

我国现行城乡规划法规横向主要相关法规　　　　表1-2

内容	法律	行政法规	部门规章
土地利用与农田保护	土地管理法	基本农田保护条例	
自然资源与环境保护	环境保护法 矿产资源法 森林法 水法 环境影响评价法	建设项目环境保护管理条例 自然保护区条例	城市地下水开发利用保护规定
自然与文化遗产保护	文物保护法	风景名胜区条例 自然保护区条例	文物保护法实施细则
城镇建设工程管理	建筑法 招投标法 公路法 铁路法	城市绿化条例 城市供水条例 城市市容和环境卫生管理条例 公共文化体育设施条例	城市排水许可管理办法 城市生活垃圾管理办法
房地产开发管理	城市房地产管理法	城市房地产开发经营管理条例 城市房屋拆迁管理条例 城镇个人建造住宅管理办法	城市新建住宅小区管理办法
城乡防灾减灾	人民防空法 防洪法 气象法 防震减灾法 消防法	地质灾害防治条例	
军事与保密管理	军事设施保护法 保守国家秘密法		
行政法律关系	行政许可法 行政复议法 行政诉讼法 行政处罚法 国家赔偿法 公务员法		

*注：表中所涉及各法均为国家法规。

1.2.1.2 技术规范

城乡规划技术标准体系是工程建设标准体系的一个组成部分，分为基础标准、通用标准和专用标准三个层次（表1-3～表1-5）。

基础标准　　　　表1-3

体系编号	标准名称	现行标准	备注
1.1.1	术语标准		
1.1.1.1	城市规划术语标准	CB/T 50280-98	
1.1.2	图形标准		
1.1.2.1	城市规划制图标准	CJJ/T 97-2003	
1.1.3	分类标准		
1.1.3.1	城市用地分类与规划建设用地标准	GB 50137-2011	

通用标准   表1-4

体系编号	标准名称	现行标准	备注
1.2.1	城市规划通用标准		
1.2.1.1	城市人口规模预测规程		在编
1.2.1.2	城乡用地评定标准	CJJ 132—2009	
1.2.1.3	城市环境保护规划规程		在编
1.2.1.4	历史文化名城保护规划规范	GB 50357—2005	
1.2.1.5	城市地下空间规划规范		在编
1.2.1.6	城市水系规划规范	GB 50513—2009	
1.2.1.7	城市用地竖向规划规范	CJJ 83—2016	
1.2.1.8	城市工程管线综合规划规范	GB 50289—2016	
1.2.1.9	城市综合防灾规划规范		在编
1.2.2	村镇规划通用标准		
1.2.2.1	镇规划标准	GB 50188—2007	
1.2.2.2	镇（乡）域村镇体系规划规范		在编

专用标准   表1-5

体系编号	标准名称	现行标准	备注
1.3.1	城市规划专用标准		
1.3.1.1	城市居住区规划设计规范	GB 50180—1993	
1.3.1.2	城市公共设施规划规范	GB 50442—2008	
1.3.1.3	城市环境卫生设施规划规范	GB 50337—2003	
1.3.1.4	城市防地质灾害规划规范		在编
1.3.1.5	城市消防规划规范	GB 51080—2015	
1.3.1.6	城市绿地设计规范	GB 50420—2007	
1.3.1.7	风景名胜区规划规范	GB 50298—1999	
1.3.1.8	城镇老年人设施规划规范	GB 50437—2007	
1.3.1.9	城市给水工程规划规范	GB 50282—2016	
1.3.1.10	城市排水工程规划规范	GB 50318—2000	
1.3.1.11	城市电力规划规范	GB/T 50293—2014	
1.3.1.12	城市通信工程规划规范	GB/T 50853—2013	
1.3.1.13	城市燃气工程规划规范		在编
1.3.1.14	城市供热工程规划规范	GB/T 51074—2015	
1.3.1.15	防洪标准	GB 50201—2014	
1.3.1.16	城市照明规划规范		在编
1.3.1.17	城市停车设施规划规范		在编
1.3.1.18	城市轨道交通线网规划编制规范	GB/T 50546—2009	
1.3.1.19	城市对外交通规划规范	GB 50925—2013	

体系编号	标准名称	现行标准	备注
1.3.1.20	城市道路交通规划设计规范	GB 50220—1995	
1.3.1.21	城市道路绿化规划与设计规范	CJJ 75—1997	
1.3.1.22	建设项目交通影响评估技术标准	CJJT 141—2010	
1.3.1.23	城市道路交叉口规划规范	GB 50647—2011	
1.3.2	村镇规划专用标准		
1.3.2.1	镇（乡）村居住用地规划规范		在编
1.3.2.2	镇（乡）村仓储用地规划规范	CJJ/T 189—2014	
1.3.2.3	乡镇集贸市场规划设计标准	CJJ/T 87—2000	
1.3.2.4	村镇环境保护规划规范		在编
1.3.2.5	村镇规划卫生标准	GB 18055—2012	
1.3.2.6	村镇防灾规划技术规范		在编

此外，各地制定《×××规划审批管理技术规定》作为地方标准。

【特别提示】

1.《×××规划审批管理技术规定》是地方管理城乡规划建设开发的标准，是国家规范标准在地方的贯彻，是地方城乡规划设计与建设项目建筑设计的技术规定，也是规划设计与建筑设计项目审查的依据。

2. 其主要内容通常包括：目的、依据及适用范围；城市用地与建设用地分类与建设用地的兼容规定；建筑容量、间距、退让、高度控制；城市绿地与景观；城市道路系统与交通设施；主要市政公用设施；图示。

1.2.1.3 法定规划

《城乡规划法》所称城乡规划，包括城镇体系规划、城市规划、镇规划、乡规划和村庄规划（图1—4）。

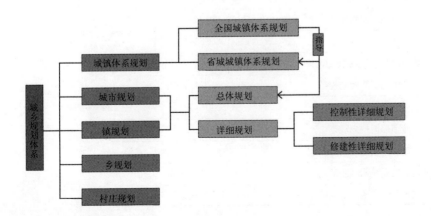

图1—4 《城乡规划法》
确定的规划体系

【特别提示】
1. 只有法定规划才可以作为依法审批管理的依据；
2. 非法定规划只有把其内容纳入法定规划才有法定约束力。

1.2.2 规划管理体制

《城乡规划法》第十一条　国务院城乡规划主管部门负责全国的城乡规划管理工作。

县级以上地方人民政府城乡规划主管部门负责本行政区域内的城乡规划管理工作。

《浙江省城乡规划条例》第七条　县级以上人民政府城乡规划主管部门负责本行政区域内的城乡规划管理工作。城市、县人民政府城乡规划主管部门在市辖区、开发区（园区）、乡（镇）依法设立的派出机构按照规定职责承担有关城乡规划管理工作。

我国规划管理体制是属地管理原则，上级规划行政主管部门主要起到指导、监督作用。规划主管部门在市辖区、开发区（园区、新区）、乡（镇）依法设立的派出机构一般按照分级与授权开展规划管理工作。县级规划部门内设机构如图1-5所示。

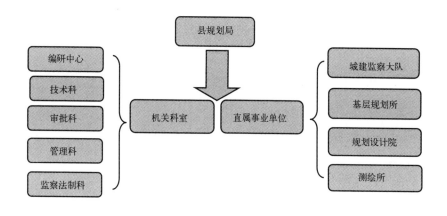

图1-5　县级规划部门内设机构

1.3 规划管理方法与手段

1.3.1 规划管理方法

1.3.1.1 特征

其本质特征是制订与实施公共政策，具体有以下特征：

1. 就管理的职能而言具有服务和制约的双重属性，规划管理目标是实现城乡人居环境科学有序建设，为社会经济发展提供有效的空间，进而促进社会经济可持续发展，所以始终坚持服务于发展大局，融管理于服务中；

2．就管理的对象而言具有宏观和微观的双重属性，宏观的城乡建设理念标准与环境整体目标和微观的具体建设工程是城乡建设的整体与局部，两者都是管理工作的内容；

3．就管理的内容而言具有专业和综合的双重属性，规划管理是城乡管理内容之一，有其专业性，但又要与诸如土地、文物、交通、环境保护、防灾等管理相衔接；

4．就管理的过程而言具有阶段和长期的双重属性，城乡规划环境面貌的形成是个长期历史的发展过程，规划管理在一定历史条件下确定的建设工程，随着时间的推移和数量的积累，都会对城乡未来发展产生影响。

1.3.1.2　原则

1．依法行政

规划管理属政府管理社会事务的行政管理，行政行为的主体要合法，行政行为内容要合法、适当且符合法定程序。

2．系统动态

城乡建设牵一发而动全身，规划管理要"一张蓝图"。

3．综合效益

服务发展大局，要与物质文明、精神文明、生态文明、政治文明相结合，要与工业化、信息化、农业现代化同步推进。

4．质量效率

强调规划管理的质量与效率，确保规划管理对城乡环境改善和社会经济发展的有效供给。

1.3.1.3　方法

1．专家咨询

所谓管理在某种角度看就是通过别人的劳动实现工作目标，专家咨询是规划管理中常用的"借智"帮助进行技术决策的方式。

2．注重程序

法定程序是依法行政的要求，也是有效行政的要求，同样是管理质量的基础。

3．科学管理

规划部门是专业性较强的行政管理部门，具备一定的规划专业技术水平，实施科学管理是实现规划目标的必然要求。

4．创新管理

一方面运用信息化提高管理效率，另一方面通过不断研究新情况、新问题，重视工作范例的积累，探索规律，实事求是，创造性地开展工作。

1.3.1.4　模式

1．通则式

主要特征是开发控制规划的各项规定比较具体，作为规划管理的唯一依据，规划人员在审理开发申请个案时，几乎不享有自由裁量权。

具有确定性和客观性的优点，但在灵活性和适应性方面较为欠缺，如美国的区划制度。

2. 个案式

主要特征是开发控制规划的各项规定比较原则，规划人员在审理开发申请个案时享有较大的自由裁量权。

具有灵活性和适应性的优点，但在确定性和客观性方面较为欠缺，如英国的审批制度。

【特别提示】

1. 通则式适用于一般地区，而个案式适合于城乡重点地区或主要景观界面与节点（图1-6），是种精致管理，需要较强的专业能力与创新精神，自由裁量权与责任较大。

2. 管理过程中要妥当处理好先进性和现实性的双重属性。

1.3.2 规划管理手段

1. 行政手段

规划部门依靠法律授予的职能与权力，运用权威性的工作程序规范城乡建设用地使用和各种建设活动。

2. 法律手段

依据法律规定的建设制度和违法建设处罚条款对城乡建设进行调控和监管。

3. 经济手段

通过经济杠杆，运用土地出让金与规划条件关联、容积率奖励制度及违法处罚中的罚款等经济手段来达成规划管理目标。

图1-6 某规划模型

【思考题】

1. 城乡规划管理包括哪几方面的内容？

2. 城乡规划管理的依据有哪些？

3. 国家技术标准规范与地方技术标准的关系如何？

4. 城乡规划管理的方法与手段有哪些？

5. 如何理解规划法规、行政体制与规划管理三者的关系？

2

模块 2　规划编制组织与审批

教学要求

通过本模块学习，初步掌握规划编制主体与审批主体、规划编制项目组织管理和规划编制过程管理及工作程序。

教学目标

能力目标	知识要点	权重	自测分数
掌握法定规划编制与审批主体	法定主体与分级审批		
熟悉规划编制过程管理	过程管理内容与重点		
掌握规划编制质量管理要点	质量控制方法与途经		
基本掌握规划修改法定程序与要求	程序与内容		

【章节导读】

先规划后建设，规划好是建设好、管理好城乡环境的基础，那么要做到城乡规划超前先行，同时保证规划的质量，应该按照《城乡规划法》的要求和技术规范规定组织城乡规划的编制工作，为城乡建设提供有效的控制与引导，为城乡规划管理提供依据。改革开放的 20 世纪 80 年代以来，各地在快速城市化时期（2014 年末城市化水平 54.77%，浙江省 65.2%）编制了大量的增量规划，为城市的有序高效发展起到了积极作用。现阶段，在我国实施城乡统筹新型城镇化背景下，对城乡整体空间环境的管控和城乡建成环境的有机更新已成为新阶段城乡规划与发展的主题（图 2-1）。对建成环境的存量进行规划及全面提升城乡空间环境质量方面的规划将是城乡规划的主要内容，法定规划实施评价与修改及各类非法定的实用性规划将是城乡规划的主要类型，那么如何做好行政辖区内的城乡规划编制管理工作，作为履行城乡规划管理职责的规划行政主管部门应该在坚持政府组织、专家领衔、部门合作、公众参与、科学决策的原则前提下管什么？怎么管？

图 2-1　某规划项目

【知识点滴】我国城乡规划编制动态

新中国成立初期，我国经济建设全面学习苏联的计划经济体制，城乡规划也套用苏联的方法进行编制。随着改革开放的不断深入，特别是 1992 年政府确定把建立社会主义市场经济体制作为经济体制改革的目标开始，在各地的具体实践过程中，一些地方借鉴市场经济成熟的美国的"区划"（Zoning）等做法进行了规划方法的有益探索，代表是"控制性详细规划"的开展，以适应土地的有偿出让与引进外资的需要。同时，随着我国城乡统筹、可持续发展等治国理念的进步，逐步形成了战略规划层次、法定规划层次和实施规划层次的城乡规划编制体系。

规划编制具有技术与政策的双重特性，规划成果既是城市发展的蓝图，也是规划管理的依据；既要作为广大市民的美好愿景，也要成为市场的行动规则。规划编制既是分析问题、解决问题的技术工作过程，也是建立目标、指导实践的公共政策制定过程。当下城乡规划的编制根本上尚限于技术层面，由专业的规划设计单位编制，专家参与，最后领导决策，规划过程未充分听取市民与社会各界意见，规划成果未能成为市民与社会的共识。世界城市化实践证明，未来的趋势一定是向社会敞开规划的大门，在各主要阶段引入社会各界深度参与，共同编制好高质量的规划，并得到社会的广泛认可与共同维护。

互联网时代大数据的应用，为城乡规划方法改进提供了可能，运用信息和通信技术手段感测、分析、整合城乡运行核心系统的各项关键信息与卫星图像，通过模拟预测，进而对民生、环保、交通、公共安全、城乡服务、商务活动等各种需求做出智能响应，使规划更加精细化地满足需求，为人类创造更美好的城乡生活。

《中共中央 国务院关于进一步加强城市规划建设管理工作的若干意见》（2016年2月6日）：

依法制定城市规划。创新规划理念，改进规划方法，把以人为本、尊重自然、传承历史、绿色低碳等理念融入城市规划全过程，增强规划的前瞻性、严肃性和连续性，实现一张蓝图干到底。坚持协调发展理念，从区域、城乡整体协调的高度确定城市定位、谋划城市发展。加强空间开发管制，划定城市开发边界，根据资源禀赋和环境承载能力，引导调控城市规模，优化城市空间布局和形态功能，确定城市建设约束性指标。按照严控增量、盘活存量、优化结构的思路，逐步调整城市用地结构，把保护基本农田放在优先地位，保证生态用地，合理安排建设用地，推动城市集约发展。改革完善城市规划管理体制，加强城市总体规划和土地利用总体规划的衔接，推进两图合一。

提高城市设计水平。城市设计是落实城市规划、指导建筑设计、塑造城市特色风貌的有效手段。鼓励开展城市设计工作，通过城市设计，从整体平面和立体空间上统筹城市建筑布局，协调城市景观风貌，体现城市地域特征、民族特色和时代风貌。单体建筑设计方案必须在形体、色彩、体量、高度等方面符合城市设计要求。

保护历史文化风貌。有序实施城市修补和有机更新，解决老城区环境品质下降、空间秩序混乱、历史文化遗产损毁等问题，促进建筑物、街道立面、天际线、色彩和环境更加协调、优美。通过维护加固老建筑、改造利用旧厂房、完善基础设施等措施，恢复老城区功能和活力。加强文化遗产保护传承和合理利用，保护古遗址、古建筑、近现代历史建筑，更好地延续历史文脉，展现城市风貌。

2.1 编制法定主体

2.1.1 我国城乡规划体系（图2-2）

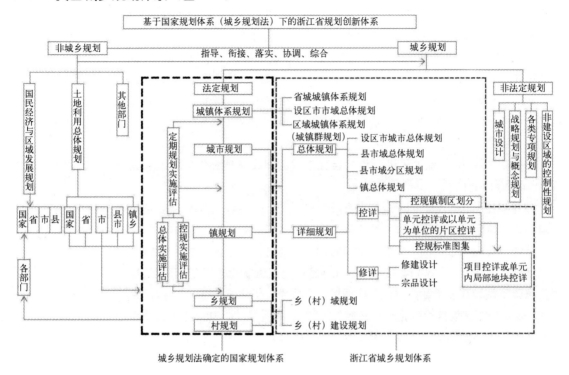

城乡规划法确定的国家规划体系　　浙江省城乡规划体系

1. 城乡体系规划
2. 城市总体规划
3. 控制性详细规划
4. 修建性详细规划
5. 乡规划、村庄规划

图 2-2 基于国家规划体系（城乡规划法）下的浙江省规划创新体系

与相关规划关系：国民经济和社会发展规划、土地利用总体规划和生态功能与环境规划相互衔接。

作为补充的非法定规划：城市设计、城市战略发展研究、概念性规划、各种专项规划、非建设区域的控制性规划等。

2.1.2 城乡规划编制主体

城乡规划编制主体是指法定的责任组织机构,《城乡规划法》相关条文如下：

第十四条　城市人民政府组织编制城市总体规划。

第十五条　镇人民政府组织编制镇的总体规划。

第二十一条　城市、县人民政府城乡规划主管部门和镇人民政府可以组织编制重要地块的修建性详细规划。修建性详细规划应当符合控制性详细规划。

第二十二条　乡、镇人民政府组织编制乡规划、村庄规划。

2.1.3　规划经费

《城乡规划法》第六条　各级人民政府应当将城乡规划的编制和管理经费纳入本级财政预算。

2.1.4　监督检查与法律责任

1. 监督检查

《城乡规划法》第五十一条　县级以上人民政府及其城乡规划主管部门应当加强对城乡规划编制、审批、实施、修改的监督检查。

2. 法律责任

《城乡规划法》第五十八条　对依法应当编制城乡规划而未组织编制，或者未按法定程序编制、审批、修改城乡规划的，由上级人民政府责令改正，通报批评；对有关人民政府负责人和其他直接责任人员依法给予处分。

【特别提示】

1. 法律明确各类法定城乡规划由谁负责编制及规划编制经费来源；

2. 法律明确规划主管部门对城乡规划编制工作进行监督检查的职责，同时对应编而未编的责任人的法律责任作出规定。

2.2　编制过程管理

规划编制过程管理一般包括事前、事中、事后三阶段：

事前：规划编制年度计划制订、规划编制项目委托发包；

事中：规划编制项目过程协调、规划编制项目质量控制；

事后：规划编制项目上报批准、规划成果公布整理归档。

2.2.1　规划编制年度计划制订

1. 年度城乡规划编制任务一般组成：

(1) 由于区域交通条件改变、行政区划调整、重大产业布局影响对原有规划的修订任务；

(2) 随着新型城乡化推进，上级要求编制的城乡规划任务；

(3) 所辖行政区内基层政府因发展需要而要编制的规划任务；

(4) 管理精细化需要编制的规划任务。

2. 规划任务年度计划的编制一般要基于满足城乡建设发展与城乡规划管理的需要，一要适应先规划后建设的要求，二要兼顾轻重缓急，同时要体现规划管理预期目标的实现，具体程序是：

(1) 调查摸底，提出计划草案；

（2）协调沟通，拟定编制计划；

（3）论证研究，明确任务与经费；

（4）上报批准，列入年度财政预算。

【特别提示】

1．协调沟通是指规划主管部门与基层政府、专业部门的沟通；

2．注重实用有效的原则，合理确定规划编制项目类型；

3．论证研究是指按照需要与可能来确定任务，且按法定程序论证评估。

2.2.2　规划编制项目发包

选择合适的规划设计单位（项目组）是取得好规划的前提，既要合法，又要讲方法。一般程序为：

1．前期准备　基础图件、任务书、专题研究。

2．发包方式　招标、邀标、单一采购。要符合《招投标法》的规定（如：一般地方规定规划经费不小于30万元应进行招标）。

3．项目发包　进入公共资源平台并由第三方代理具体发包事宜。

4．签订合同　明确任务时间经费责任。

2.2.3　规划编制项目过程管理

规划编制的过程管理是确保规划编制工作能按时保质完成的基础，其内容主要如下：

1．规划调查的协调管理

在调查过程中，规划组织编制者要积极充当中间人和联系人的角色，配合好调查工作。

2．相关部门的矛盾管理

对于规划编制过程中出现的非技术性矛盾和问题，规划设计单位无法协调的，需要组织编制者即政府和城市规划管理部门进行综合协调决策。

3．规划编制的进度管理

在编制过程中规划组织编制者（委托方又称甲方）既要按照规划编制的进度时间表完成阶段性成果，又要及时组织有关部门和专家参与阶段性规划成果的汇报评审，并将各方意见综合，及时反馈给规划设计单位。

4．规划内容的修改管理

地方政府及各职能部门对规划的关键性指标和内容都会有自己的主观诉求，同时国家和地方法规规范对于规划的成果也有一系列的要求，规划内容既不能超越法规规范的规定，也要满足地方政府发展的需求，当两者之间出现矛盾或冲突时，城乡规划编制组织者要及时与规划设计单位沟通，积极协调这些冲突，促进规划成果在政府意愿、市场需求、国家规范之间取得良好的平衡，较好地满足各方面要求。

2.2.4 规划编制项目质量控制

规划编制项目规划水平质量管理一般把控要点是分析科学、定位合理、理念正确、特色鲜明、设计到位、内容规范、表现扎实等。具体表现在以下几方面：

1. 与相关规划及周边衔接是否得当；

2. 规划标准功能定位是否准确；

3. 空间结构布局是否有亮点；

4. 道路交通组织是否合理有序；

5. 土地利用规划是否科学，便于实施；

6. 公共设施布局与规模是否合理；

7. 空间景观系统是否有特色；

8. 市政防灾设施配套是否齐全；

9. 成果内容是否符合规范。

总之，规划要有亮点，显示一定的超前性，又要有较强的现实可操作性。根据法规要求实际通常通过以下几个阶段加以控制。

2.2.4.1 规划调查报告审查

参加对象是当地政府、相关利益业主、市民等代表，目的是统一对现状基础和问题的全面客观认识，同时也对规划预期有所展望，为规划方案编制奠定扎实基础。

2.2.4.2 规划方案优选

主要参加对象为专家与主要领导，规划方案的优选是一种行政决策，专家把控技术与艺术，而领导却把控战略方向与现实可操作性，是质量控制的关键环节。

【案例2-1】总规布局方案优选

图2-3、图2-4为某县级市城市用地发展布局和省道改线的两个方案。值得注意的是该市西距人口65万的地级市40公里，东距5万人口的县城30公里；用地条件较好，西部为山丘坡地，东部较为平坦，水资源充沛，虽现状人口不足10万，但近些年国家铁路通车后，社会经济快速发展，省域城镇体系规划中已确定其为重点发展城市。

试评析，哪一个方案对城市今后的发展更为有利？为什么（注：不考虑人口规模预测及各项用地比例）？

图 2-3　某市城市用地
发展及省道改线规
划方案一

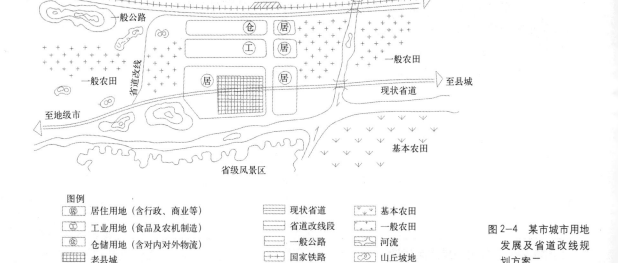

图例

居 居住用地（含行政、商业等）	现状省道	基本农田
工 工业用地（食品及农机制造）	省道改线段	一般农田
仓 仓储用地（含对内对外物流）	一般公路	河流
老县城	国家铁路	山丘坡地

图 2-4　某市城市用地
发展及省道改线规
划方案二

【案例 2-2】路网草案完善

　　我国东部某市人口规模 45 万人，编制了以制造业、商业为产业发展方向的城市总体规划。图 2-5 所示为总体规划中的道路交通规划；一条与其他城市相连的一级公路经过城市西侧；现状有一条铁路由城市北部穿过，并设有火车站；西江由城市东侧穿过。航运发达，客运、货运均有较好的基础。请指出道路交通规划中存在的问题，提出修改建议（图 2-6）。

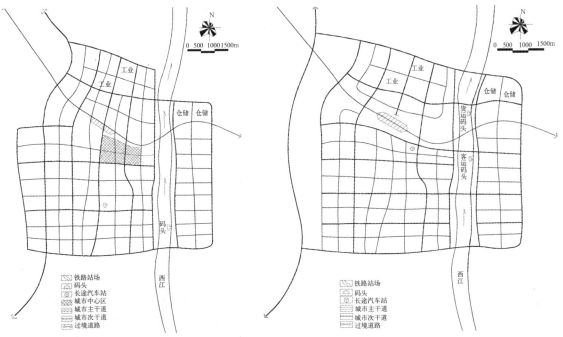

图 2-5　某市城市总体规划（道路网规划）反例

图 2-6　某市城市总体规划（道路网规划）修改图

【案例2-3】城市设计方案优选

　　随着城市经济迅速发展，产业集聚对中心区的发展产生新的需求。考虑到城市旧区空间密集，需要寻找新的空间，同时城市新形象需要在新世纪得到展现，也为城市开发作为新的经济增长点。苍南城市中心区定位为政治、经济、文化、交通、信息中心，核心区及其影响区用地面积约 6.78hm²，城市设计方案进行了国际招标（图 2-7~图 2-16）。请评析各方案后进行选优，并对优选方案提出改进建议。

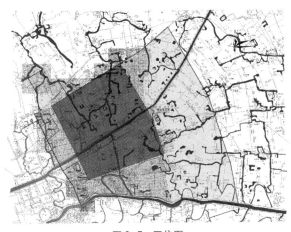

图 2-7　区位图

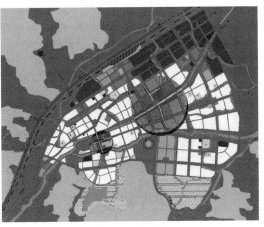

图 2-8　现状图

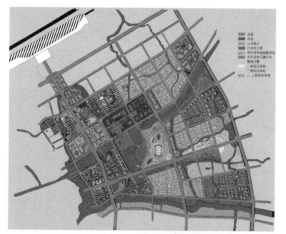

图 2-9　方案一土地利用规划图

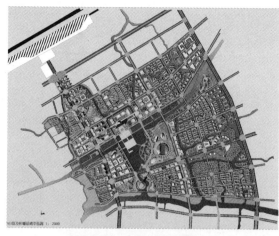

图 2-10　方案一总平面图

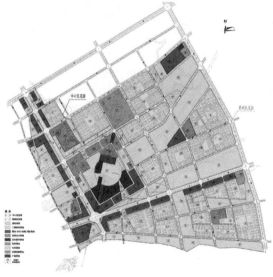

图 2-11　方案二土地利用规划图

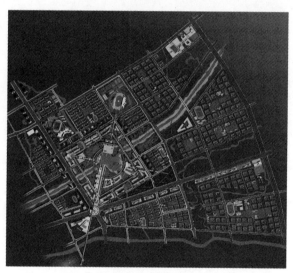

图 2-12　方案二总平面图

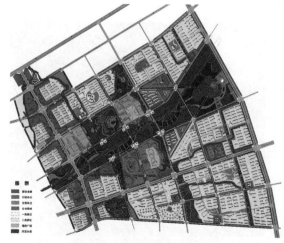

图 2-13　方案三土地利用规划图

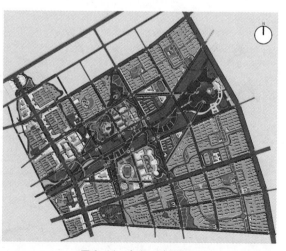

图 2-14　方案三总平面图

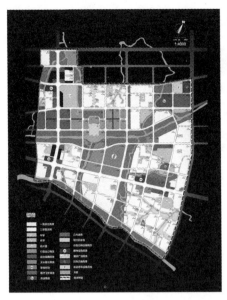

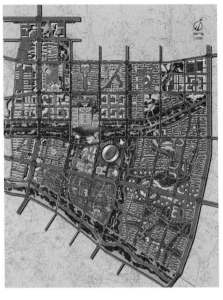

图 2-15　方案四土地利用规划图（左）

图 2-16　方案四总平面图（右）

2.2.4.3　规划公众参与

规划编制是制定发展的公共政策，应向社会公众公示规划设计方案，广泛征求社会各界意见。

《城乡规划法》第二十六条　城乡规划报送审批前，组织编制机关应当依法将城乡规划草案予以公告，并采取论证会、听证会或者其他方式征求专家和公众的意见。公告的时间不得少于三十日。组织编制机关应当充分考虑专家和公众的意见，并在报送审批的材料中附具意见采纳情况及理由。

【案例2-4】方案演进

规划地块位于中央商务区的滨水核心区块，与未来龙鳌区块行政中心区的北侧隔北湖相望，地块周边是特色商务片区以及滨海特色居住片区，规划地块主要是在承担城市行政、文化中心功能的基础上积极发展商务、商业、会展、培训等功能，建设温州南部中心城市核心区有机组成部分。请对第一、二轮方案提出审查意见（图2-17～图2-22）。

图 2-17　城市设计总平面图（左）

图 2-18　城市设计引导图（右）

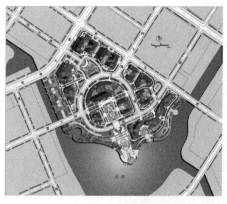 

图 2-19 第一轮方案
　　　　平面图一（左）
图 2-20 第一轮方案
　　　　平面图二（右）

图 2-21 第二轮方案
　　　　平面图（左）
图 2-22 第二轮方案
　　　　效果图（右）

2.2.4.4　规划初步成果（送审稿）审查

由各职能部门专家代表参加，分别根据各自专业要求对规划存在的规范性与实施性问题提出修改完善意见。

《城乡规划法》第二十七条　省域城镇体系规划、城市总体规划、镇总体规划批准前，审批机关应当组织专家和有关部门进行审查。

【案例 2-5】城市设计方案演进

萧江镇是温州市乃至全国的塑料编织产业集中带，是平阳县的四大工业明星镇之一，是中国最大的塑料编织生产基地"中国塑料编织城"。新一轮《平阳县萧江镇总体规划（2013—2030 年）》对萧江整体城市空间描述为"三心、三轴、四片"的带状小城市结构。规划片区处于中部新区，是麻步片区和萧江片区的衔接区域，具有优越的发展条件和机遇，总规划面积约 337.78hm²。其中中心区面积占地 99.18hm²（图 2-23~ 图 2-28）。

1. 请对第一轮两个草案进行点评择优，并提出改进建议；
2. 请对第二轮方案进行审查，提出完善意见。

图 2-23　总体规划图

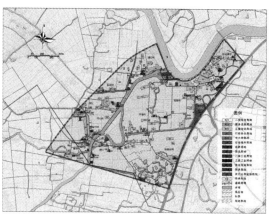

图 2-24　现状用地分析图

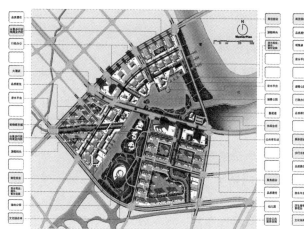

图 2-25　第一轮方案总平面图一

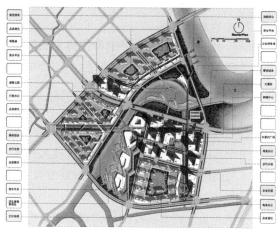

图 2-26　第一轮方案总平面图二

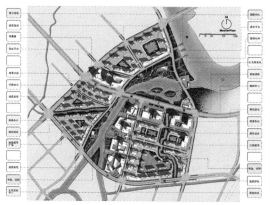

图 2-27　第二轮方案总平面图

图 2-28　第二轮方案效果图

2.2.4.5　规划成果验收

一般由组织编制单位（委托方）组织技术鉴定会形式进行，由审批单位、政府与有关职能部门联合进行并形成鉴定意见。

【特别提示】

1. 多方案比较，必要时采用专家咨询，确定好规划设计方案是确保规划设计质量的关键；

2. 按阳光规划要求完善编制程序，通过方案预审、专家咨询、部门联审、公众参与等方式听取各方意见，协调矛盾，这是提高规划科学性与现实性的有效途径。

2.2.5　规划编制项目上报批准

1. 上报审批材料

法规定规划编制主体要求审批规划的报告、规划报批稿、规划验收意见纪要、规划公众参与意见、同意规划编制的文件、将本级人大的审议意见和根据审议意见修改规划的情况一并上报。

2. 城乡规划实行分级审批制度

《城乡规划法》规定城乡规划分级审批与程序：

第十五条　县人民政府组织编制县人民政府所在地镇的总体规划，报上一级人民政府审批。其他镇的总体规划由镇人民政府组织编制，报上一级人民政府审批。

第十九条　城市的控制性详细规划，经本级人民政府批准后，报本级人民代表大会常务委员会和上一级人民政府备案。

第二十条　镇人民政府根据镇总体规划的要求，组织编制镇的控制性详细规划，报上一级人民政府审批。县人民政府所在地镇的控制性详细规划，由县人民政府城乡规划主管部门根据镇总体规划的要求组织编制，经县人民政府批准后，报本级人民代表大会常务委员会和上一级人民政府备案。

第二十二条　乡、镇人民政府组织编制乡规划、村庄规划，报上一级人民政府审批。

2.2.6　规划成果公布归档

《城乡规划法》第八条　城乡规划组织编制机关应当及时公布经依法批准的城乡规划。但是，法律、行政法规规定不得公开的内容除外。

成果公布：①地点　网站、规划馆、现场；②内容　规划核心说明与主要规划图纸；③形式　图文、模型、声像。

归档资料：过程资料、规划成果、批复文件（包括电子稿）。

2.3 规划修改

为确保法定规划的严肃性,《城乡规划法》对法定规划修改有严格的规定,有关条文如下:

第七条 经依法批准的城乡规划,是城乡建设和规划管理的依据,未经法定程序不得修改。

第四十六条 省域城镇体系规划、城市总体规划、镇总体规划的组织编制机关,应当组织有关部门和专家定期对规划实施情况进行评估,并采取论证会、听证会或者其他方式征求公众意见。组织编制机关应当向本级人民代表大会常务委员会、镇人民代表大会和原审批机关提出评估报告并附具征求意见的情况。

第四十七条 有下列情形之一的,组织编制机关方可按照规定的权限和程序修改省域城镇体系规划、城市总体规划、镇总体规划:

(一) 上级人民政府制定的城乡规划发生变更,提出修改规划要求的;

(二) 行政区划调整确需修改规划的;

(三) 因国务院批准重大建设工程确需修改规划的;

(四) 经评估确需修改规划的;

(五) 城乡规划的审批机关认为应当修改规划的其他情形。

修改省域城镇体系规划、城市总体规划、镇总体规划前,组织编制机关应当对原规划的实施情况进行总结,并向原审批机关报告;修改涉及城市总体规划、镇总体规划强制性内容的,应当先向原审批机关提出专题报告,经同意后,方可编制修改方案。

修改后的省域城镇体系规划、城市总体规划、镇总体规划,应当依照本法第十三条、第十四条、第十五条和第十六条规定的审批程序报批。

第四十八条 修改控制性详细规划的,组织编制机关应当对修改的必要性进行论证,征求规划地段内利害关系人的意见,并向原审批机关提出专题报告,经原审批机关同意后,方可编制修改方案。修改后的控制性详细规划,应当依照本法第十九条、第二十条规定的审批程序报批。控制性详细规划修改涉及城市总体规划、镇总体规划的强制性内容的,应当先修改总体规划。

修改乡规划、村庄规划的,应当依照本法第二十二条规定的审批程序报批。

【案例2-6】杭州经济技术开发区C2-H-21地块控规调整与选址论证 (图2-29~图2-33)

金沙湖规划打造成为国际标准的优质都市中心湖区,其湖面面积约31hm^2,是下沙新城的"会客厅",2008年6月批复的《杭州市下沙中心区单元(×S16)、中沙单元(×S17)控制性详细规划》早于《碧玉金沙——杭州下沙金沙湖城市设计》的编制时间,目前已在城市设计的基础上进行了金沙湖一期湖面及沿湖绿化景观的建设。

本次选址论证的目的主要是对C2-H-21地块控规确定的四至范围、相关控制指标、建筑形态风格等以及相应调整的可行性进行论证,使论证范围用地的开发建设能更好地满足金沙湖地区的整体开发建设要求。

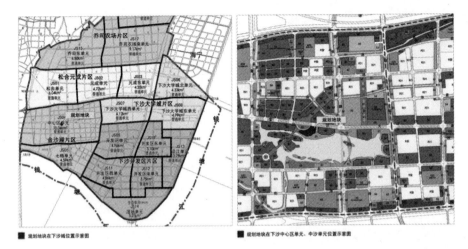

图2-29 地块区位图

■ 规划地块在下沙城位置示意图   ■ 规划地块在下沙中心区单元、中沙单元位置示意图

论证原则

1. 对现状资料进行充分、详实的调查研究，并在此基础上论证调整的可行性。

2. 同2008年6月控规、金沙湖城市设计和现状建设相衔接，提出调整方案，协调好与周边用地的关系。

3. 运用修建性详细规划的手法验证用地的控制指标的可行性。

4. 商业商务功能的地铁上盖要对交通组织与分析进行专题论证。

5. 充分考虑地铁上盖物业对地下空间的开放与利用。

论证调整预期

1. 控制指标调整

为了更好的发挥土地效益，提高土地利用率，对地块控制指标做适当调整。用地面积由2.40hm^{2}调整为1.50hm^2；用地性质明确为B1/B2；容积率由已批控规2.00调整为3.20；建筑限高由36m提高至100m。

2. 其他控制指标论证结论

（1）地上商业建筑面积不大于地块地上建设总面积的20%。

（2）地下商业建筑面积不大于6000m^2。

论证调整的必要性

1. 是地块建设审批的需要。

（1）通过调整论证，能正确地反映地块建设发展的需求，明确用地的开发性质；

（2）验证论证范围用地的各项控制指标，并结合现有的各项规范、文件和要求，进行合理的调整和落实；

（3）切实按照要求，编制用地的选址论证报告，使地块的开发建设更具合理性、权威性及可操作性。

2. 符合杭州市及开发区的发展规划要求，是对"十二五"发展规划的具体落实和体现。

在由"建园"向"建城"战略转变中，开发区将进一步建设成为高新技术产业高度集聚、工业经济持续快速增长的国际先进制造业基地，产学研紧密结合、科技创新能力不断增强的新世纪大学科技城，城市功能配套完善、环境形象显著提升的花园式生态型城市副中心。加快金沙湖商业商务核心区建设，是促进由"建园"向"建城"转变的必由之路。符合杭州和下沙的发展规划要求，是对"十二五"发展规划的具体落实和体现。

3. 用地适当调整，提高土地利用率。

2008年6月批复的《杭州市下沙中心区单元（×S16）、中沙单元（×S17）控制性详细规划》对中心区的功能定位为：杭州下沙副城的公共中心区，集行政、商贸居住、文化会展、科技、信息为一体的现代化、生态型中心区。但在开发建设的过程中，可开发用地越来越紧缺，土地资源压力倍增。因此，结合周边地块的实际建设条件和态势，适当地进行用地调整，有效提高土地的利用率，更大地发挥土地价值是必然选择。

选址论证结论

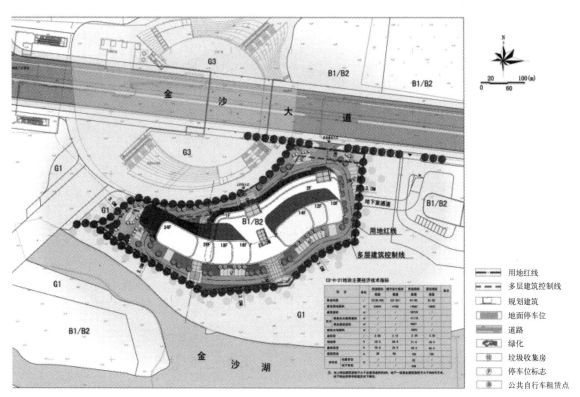

图 2-30 地块总平面图

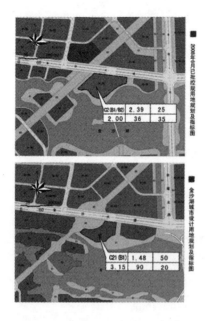

图 2-31 地块用地规划及指标对照图

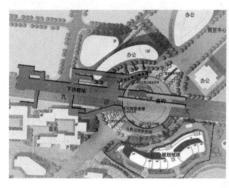

图 2-32 地块周边地下空间衔接关系（左）

图 2-33 地块鸟瞰图（右）

　　本次选址论证从充分利用、合理布局这一原则出发，在开发强度上对控制性详细规划规定的开发强度进行了验证；同时体现了社会、经济、环境三方面的统一，具有很强的可操作性和可行性。

　　1. 用地"四至"及规模论证结论

　　规划地块东至规划公园绿地界线，南、西与已建的 G12-H-24 地块用地红线接边，北与金沙大道道路红线和在建的下沉广场用地界线接边。地块规模用地面积由 23962m²，调整为 14983m²。

　　2. 用地性质论证结论

　　地块用地性质确定为商业、商务用地（B1/B2）。

　　3. 其他控制指标论证结论

　　（1）容积率不大于 3.20，建筑密度不大于 40.0%，绿地率不小于 20.0%，建筑限高 100m。

　　（2）地上商业建筑面积不大于地块地上建设总面积的 20%；地下商业建筑

面积不大于 6000m²。

（3）地块在建筑方案设计时，能满足杭州市日照分析要求。

（4）地块的交通组织和影响均在可接受的范围内。

（5）地块的地下空间建设规模在投资建设的可接受范围内。

（6）地块周边可提供的市政基础设施及其容量能满足地块调整后的需求。

（7）地块在建设过程中采取必要的污染防治措施，确保对外环境影响达到相应标准限值要求的基础上，不会对周围环境造成超标影响；地块项目最终环保措施要求应按照环境影响评价文件及环评批复意见落实；在此前提下，地块作为商业、商务用地开发从环保的角度看是可行的。

（8）地块调整后能满足综合防灾工程建设的需求。

4. 指标调整对照

用地面积由 2.40hm² 调整为 1.50hm²；用地性质明确为 B1/B2；容积率由已批控规 2.00 调整为 3.20；建筑限高由 36m 提高至 100m。

【思考题】

1. 法定规划与非法定的规划分别有哪些？两者之间的关系如何？

2. 规划质量控制的主要环节有哪些？

3. 如何理解城镇详细规划和城镇设计的关系？开发企业能否作为修建性详细规划的委托主体？

4. 在城市规划区内村镇规划怎么编制？

5. 作为规划管理者，组织某项重要地段控制性详细规划的编制工作，为确保规划编制质量，应如何做？

3

模块 3　规划实施管理

教学要求

通过本模块学习，掌握规划实施管理的主要环节，基本掌握规划选址、规划条件、设计方案审查、用地规划许可、建设工程规划许可的内容、依据、审查、程序与批准文件。

教学目标

能力目标	知识要点	权重	自测分数
基本掌握规划选址或规划条件管理	选址或规划条件的依据与内容		
掌握设计方案审查	审查要点与程序		
掌握建设用地规划许可	审查要点与程序		
掌握建设工程规划许可	审查要点与程序		

【章节导读】

　　《城乡规划法》中的"一书两证"即建设项目选址意见书、建设用地规划许可证、建设工程规划许可证（乡村实行乡村建设规划许可证），是政府对城乡建设进行调控的法律手段，是确保各项建设纳入城乡规划轨道的法定规划管理制度。

　　城乡规划实施管理是指规划部门依据法律法规规范和法定的城乡规划对城乡规划区内建设用地和建设项目进行审查并核发规划许可的行政管理工作。选址意见书或规划条件、建设工程设计方案审查、建设用地规划许可、建设工程规划许可是规划实施管理的主要环节，贯穿规划实施的核心是规划条件。建设项目选址意见书和规划条件是按法定的控制性详细规划提出的，建设工程设计方案审查、建设用地规划许可、建设工程规划许可主要是贯彻落实规划条件（图3-1）。

图3-1　某建筑效果图

【知识点滴】我国城乡建设项目的规划实施流程

　　城乡规划是通过具体的建设工程来实施的，建设工程的核准流程是一个完整的基本建设程序，涉及规划、国土、计划、环保等部门，并通过各部门按照各自部门职能协作完成。城乡规划的实施按照项目类型不同其流程可分为两种：一类是公益性建设项目，属于政府投资的公共项目，以行政划拨方式供地，如：国家机关、教育文化、体育卫生、市政公用事业等；另一类是经营性建设项目，属市场投资的自营项目，土地以招投标方式取得，如：住宅、商务、商业、工业等。这两类由于土地使用权的取得方式不同，建设目的与出发点也不同，其项目核准流程也不同（表3-1、表3-2）。

公益性建设项目的规划实施流程 表3—1

步骤	主管部门	主要内容	规划部门职责
1	计划部门	项目建议书或项目预审核	被征求意见
2	规划部门	建设项目规划选址	核发选址意见书
3	国土部门	土地预审	
4	环保部门	环境影响评估	
5	规划部门	设计方案审查	设计方案审查意见的通知
6	计划部门	年度投资计划	
7	规划部门	建设用地规划许可	建设用地规划许可证核发
8	国土部门	建设用地批准	
9	建设部门	初步设计审查	参与审查规划条件的落实
10	建设部门	施工图审查备案	
11	规划部门	建设工程规划许可	建设工程规划许可证核发
12	建设部门	工程发包与施工许可	
13	规划部门	放线验线、监督检查、规划验收确认	核发规划验收确认书

经营性建设项目的规划实施流程 表3—2

步骤	主管部门	主要内容	规划部门的职责
1	国土部门	土地出让	提供规划条件
2	规划部门	设计方案审查	核发设计方案审查意见的通知
3	计划部门	年度投资计划	
4	规划部门	建设用地规划许可	建设用地规划许可证核发
5	国土部门	建设用地批准	
6	建设部门	初步设计审查	参与审查规划条件的落实
7	建设部门	施工图审查备案	
8	规划部门	建设工程规划许可	建设工程规划许可证核发
9	建设部门	工程发包与施工许可	
10	规划部门	放线验线、监督检查、规划验收确认	核发规划验收确认书

3.1 城乡规划选址管理

3.1.1 选址意见书

建设项目选址规划管理，是建设项目地址进行确认或选择，并核发建设项目选址意见书的行政管理工作。

不是所有的项目都需要办理选址意见书。以下项目应该申请选址意见书：

1. 新建、迁建需要利用土地的建设项目。

2. 原址改建需要利用本单位以外土地的建设项目。

3. 需要改变本单位土地利用性质的建设项目。

3.1.1.1 目的与任务

国家对建设项目的宏观管理，在可行性研究阶段，主要是通过计划管理和规划管理来实现的。通过"建设项目选址意见书"，将计划管理和规划管理有机结合起来，就能保证各项建设有计划并按照规划进行，取得良好的经济效益、社会效益和环境效益。

1. 目的

(1) 保证建设项目的布点符合城市规划。

(2) 对经济、社会发展和城市建设进行宏观调控，确保实现政府有效投资。

(3) 综合协调建设选址中的各种矛盾，促进建设项目的前期工作的顺利进行。

2. 任务

(1) 给公建项目选择合理建设用地地址；

(2) 核定设计范围并提出土地利用规划要求，一般同时提出建设工程规划设计要求；

(3) 核发建设项目选址意见书。

注意：同时适用于单项建设工程或成片开发的建设工程。成片开发面积较大的建设工程必须要求编制控规或详规。

3.1.1.2 依据与程序

1. 依据

《城乡规划法》第三十六条　按照国家规定需要有关部门批准或者核准的建设项目，以划拨方式提供国有土地使用权的，建设单位在报送有关部门批准或者核准前，应当向城乡规划主管部门申请核发选址意见书。

前款规定以外的建设项目不需要申请核发选址意见书。

具体核发依据：

(1) 经批准的建设项目建议书或建设项目核准联系单。

(2) 城乡控制性详细规划要求。

(3) 相关市政交通环保等专业规划要求。

(4) 现状相关进场条件。

2．办理程序：受理、踏勘、公示、核准。

按照《中华人民共和国行政许可法》以下简称《行政许可法》要求，特别是一些涉及周边四邻环境影响的建设项目，如污水处理厂、垃圾中转站、变电所等，必须在网络和项目现场公示，公示没异议的可以给予办理，有异议的需依法举行听证。

选址意见书实行分级核发制度。

浙江省按照《浙江省城乡规划条例》第三十一条，一般行政划拨类建设项目由项目所在地城乡规划主管部门核发选址意见书；跨县级行政区域的建设项目，选址意见书由项目所在地的共同上级人民政府城乡规划主管部门给予核发；国务院及其有关部门批准核准的建设项目，以及省有关部门批准、核准的能源、交通、水利、电力等基础设施重大建设项目和可能严重影响环境、安全的重大建设项目，国家级、省级风景名胜区的重大项目，国家级、省级自然保护区内的建设项目，包括国家级、省级历史文化名城、名镇、名村内经异地迁建保护的历史建筑的建设项目，由浙江省住房和城乡建设厅核发选址意见书。

县级规划部门要对上报项目进行初审，出具选址申报书、选址情况说明等材料并由各市或县规划部门直接受理，浙江省住房和城乡建设厅通过浙江省政务服务网对上传的资料进行审查，审查同意后直接交至当地规划部门发证。

3.1.1.3　申请材料

申办《建设项目选址意见书》申请人须提交选址申请，并按要求提供所规定的文件、图纸、资料进行申报。

1．填报《建设项目选址意见书申请表》，提供申请人身份证明（营业执照、身份证复印件）。

2．立项文件即项目建议书（政府投资项目）或项目核准联系单（非政府投资项目）。

3．利用原地址建设的项目或有选址意向的建设项目，应附送1：500或1：1000地形图三份（由建设单位向测绘单位晒印），并应标明原址用地界限或选址意向的用地位置；尚未有选址意向的，待明确后再行通知补送。

4．如涉及环保、水利、林业、交通、国土资源、通信、风景旅游等部门的，须取得有关行政部门意见。

5．属原址改建需改变土地使用性质的，须附送土地权属证件和房产产权证件（复印件）一份，其中联建的项目应送联建协议等文件。

6．对城乡空间布局有重大影响的建设项目，还应当提交选址论证报告。

7．其他需要说明的图纸、文件等。

3.1.1.4　审查与审批文件

1．审查重点以及许可内容

（1）实体审查的主要内容

1）申请单位是否与有关部门同意建设主体的文件相符；

2）有关文件是否确认建设项目属于按照国家规定应当以划拨方式取得国有土地使用权的建设项目；

3）建设项目的性质、规模、布局是否符合批准的总体规划或控制性详细规划的要求；

4）确定建设用地及代征城乡公共用地范围和面积；

5）其他法律、法规、规章中要求审查的内容。

（2）许可内容

许可主要内容有以下几点：

1）规划土地使用要求（用地性质、用地规模、用地位置、建筑规模、容积率、建筑高度、绿地率等）。

2）公共服务与市政配套设施配建要求。

3）建筑退让用地边界、城市道路、铁路干线、河道、高压电力线等距离要求。

4）环境保护、交通出入口方位及停车配建指标等要求。

5）建筑风格、体量、高度、色彩等要求。

2. 审批文件

（1）《建设项目选址意见书》正件一份（图 3–2）；

（2）关于核发建设项目选址意见书的通知一份；

（3）盖有“×××规划局规划管理业务专用章”的核定规划红线图一份（图 3–3）。

期限为一年，业主取得选址意见书后一年内未取得建设项目批准、核准文件，可以在期限届满前三十日内向原核发机关申请办理延续手续，延续次数不得超过二次，每次期限不超过一年。逾期未申请延续或延续手续未获得批准的，选址意见书失效。

中华人民共和国

建设项目选址意见书

编　号：武规（武开）选[2012]　号

项目编号：

根据《中华人民共和国城乡规划法》第三十六条和国家有关规定，经审核，本建设项目符合城乡规划要求，颁发此书。

发证机关：武汉经济技术开发区规划土地局

日　期：2012年　月　日

NO：

基本情况	建设单位名称	武汉经济技术开发区管委会
	建设项目名称	军山地区官莲湖大道跨通顺河道路、桥梁工程
	建设项目依据	
	建设项目拟选址位置	官莲湖大道
	拟用地面积	89900平方米
	拟建设规模	

附图及附件名称：

1、规划用地范围线（1/2000地形图）

2、规划用地性质为道路与市政设施用地

备注：根据《武汉市城市规划条例》第五十条第三款规定，取得本选址意见书起二年内未取得建设用地规划许可证，又未经原审批机关同意延期的，建设项目选址意见书自行失效，延期申请应当于期满前一个月前提出。

项目建设单位：武汉车都建设投资有限公司

遵守事项：

一、建设项目基本情况一栏依据建设单位提供的有关材料填写。

二、本书市城乡规划主管部门依法审核建设项目选址的法定凭据。

三、未经核发机关审核同意，本书的各项内容不得随意变更。

四、本书所需附图与附件由核发机关依法确定，与本书具有同等法律效力。

图 3–2　建设项目选址意见书样本

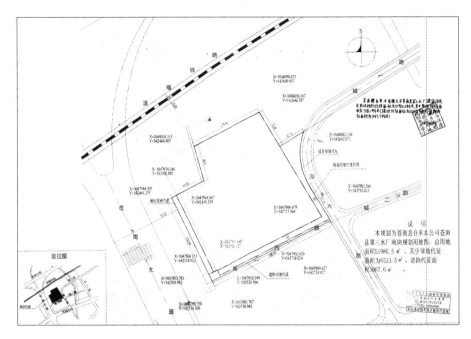

图 3-3 项目规划红线图

【案例 3-1】

　　某城市人口 13 万，上届政府领导班子选定在城市东区某路东侧建设城市广场，广场面积 5 万 m²，建设场址为一低丘小山，该广场区位有些偏僻，但是由于没有拆迁工程，容易上马，因此上届政府不顾反对意见，开工建设。然而，在平整土地过程中，发现该低丘内部为花岗岩，建设成本比预计的高 2 倍，需要加大投资。但由于资金准备不到位，再加上周边项目建设无法跟上，广场建设被迫停工。新一届领导上台以后，经过认真分析，广泛调查研究，发现这个广场存在的关键问题是选址不当，当即决定另行选址建设。请对该事件进行评析。

3.1.2　规划条件

3.1.2.1　目的与任务

　　为了科学、合理利用城乡土地，确保城乡规划顺利实施，对国有土地使用权出让、转让的规划管理，主要是通过"规划条件"制度将国有土地出让转让管理和规划管理有机结合起来。

　　1. 具体目的

　　(1) 规划部门参与城乡国有土地使用权出让规划和计划的编制，符合城乡规划实施的步骤和要求；

　　(2) 确保土地出让（转让）符合城乡规划。

　　2. 主要任务

　　(1) 对国有土地出让转让的地块规划指标进行论证；

　　(2) 给国有土地出让转让的地块提供《规划条件》及附图。

3.1.2.2 依据与程序

1. 依据

《城乡规划法》第三十八条 在城市、镇规划区内以出让方式提供国有土地使用权的，在国有土地使用权出让前，城市、县人民政府城乡规划主管部门应当依据控制性详细规划，提出出让地块的位置、使用性质、开发强度等规划条件，作为国有土地使用权出让合同的组成部分。未确定规划条件的地块，不得出让国有土地使用权。具体依据为：

(1) 城乡控制性详细规划要求；

(2) 出让转让地块的规划控制指标论证结论（见2.3案例2-6）。

2. 办理程序

(1) 由国土部门函请；

(2) 规划控制指标论证；

(3) 规划控制指标论证结论公示；

(4) 复函国土部门《规划条件》及附图。

3.1.2.3 主要内容

1. 项目用地范围、面积、性质和兼容性要求；

2. 土地开发利用控制指标要求，包括容积率、建筑密度、建筑高度、建筑间距、绿地率以及建筑退红线、蓝线、绿线、紫线等；

3. 道路交通设置要求，包括交通出入口方位、停车泊位和广场等；

4. 公共设施配置要求，包括文化、教育、卫生、体育、休闲、管理、生活服务、应急避难设施等；

5. 市政公用设施配套要求，包括给水、排水、燃气、热力、电力、邮政设施等；

6. 竖向标高、市政管网设计要求，包括管线引入方向、敷设要求等；

7. 城市设计要求，包括建筑体量、风格、色彩和景观风貌等；

8. 其他要求，包括历史文化遗产保护、地下空间利用等。

3.1.2.4 批准文件

1. 关于核发《规划条件》的通知二份；

2. 盖有"×××规划局规划管理业务专用章"的核定地块规划红线图二份。

【案例3-2】苍南县住房和城乡规划建设局
规划条件通知书

[2013] 规划条件 85 号

县国土资源局：

经研究，同意在苍南县城中心区控规42-2地块按下列规划条件进行设计：

1 用地情况（最后以地籍图为准）

1.1 建设用地面积：57929.2 平方米

1.2 具体界线详见苍南县城中心区控规42-2地块用地红线图

2 用地使用性质

2.1 使用性质：二类住宅用地

2.2 可兼容性质：无

3 用地使用强度

3.1 容积率：≤ 2.0

3.2 建筑密度：≤ 30%

4 建筑设计要求

4.1 计入容积率指标的地上总建筑面积：≤ 115858 平方米

4.2 建筑高度：≤ 80 米

4.3 建筑退道路红线或用地红线距离（高层退界须满足有关要求）

东：退道路红线 ≥ 5 米，南：退用地红线 ≥ 15 米，

西：退用地红线 ≥ 15 米，北：退道路红线 ≥ 5 米

4.4 交通出入口方位

机动车：朝惠达路、渎浦路开口

4.5 绿化

绿地率：≥ 30%

4.6 竖向

根据苍南县城中心区控规 42-2 地块用地红线图提供的规划道路控制点标高合理确定地块室外地坪标高，并与周围地形相衔接。

4.7 建筑间距、退用地界线距离等未尽事宜应遵守《温州市规划管理技术审批规定（试行）》及国家相关标准规范的规定。

4.8 停车泊位按浙江省工程建设标准《城市建筑工程停车场（库）设置规则和配建标准》（DB33/T1021-2013）设置，商业停车位应独立设置并方便使用。

5 公共服务设施

配建一座不少于 50 平方米的公共厕所；在沿街无偿提供不少于 800 平方米独立空间的社区服务中心（包含在总建筑面积内）。

6 市政要求

设置开关分接箱，并落实各项市政配套设施。

7 城市设计要求

7.1 建筑物的体量、立面、造型、色彩应与周边环境相协调。

8 遵守事项

8.1 本通知书中所列规划条件是我局审批建筑工程设计方案的依据，设计单位必须严格按本条件内容进行规划设计，不得任意更改和违反。

8.2 本通知书附苍南县城中心区控规 42-2 地块用地红线图 1 份（图 3-4），图文一体方为有效文件。

8.3 建设单位应当按照地上总建筑面积千分之七的比例配置物业管理用房（包含在总建筑面积之中）；

均为非住宅的，建设单位应当按照地上总建筑面积千分之三的比例配置物业管理用房（包含在总建筑面积之中）。

8.4 如容积率与计入容积率的总建筑面积不一致，以计入容积率的总建筑面积为准。

8.5 套型建筑面积90平方米以下住房面积占总居住面积比重须达到70%以上。

9 注意事项

9.1 持本设计条件和要求委托相应资质设计单位进行方案设计，地块内的围墙、绿化景观、建筑外墙色彩需经专项审查。

9.2 房地产开发企业要求具备房地产开发相应资质。

9.3 建筑方案评标会应有规划部门参加，并对参评的建设工程设计方案是否符合规划条件提出意见。

9.4 应满足环保、消防、人防、交通、市政等各项法规、规范、规定的要求，按有关规定与有关行政主管部门联系，并取得意见。

9.5 为保证本工程顺利实施，避免因工程建设带来不必要的纠纷，要求处理好地块范围内征地等相应工作。

9.6 本通知书自发出之日起一年内，未完成国有建设用地使用权出让成交的，可以在期限届满前三十日内向原核发机关申请办理延期手续；逾期未申请延续或延续申请未获批准的，规划条件失效。

本通知书自发出之日起一年内，未取得建设项目批准（核准）文件的，可以在期限届满前三十日内向原核发机关申请办理延期手续；逾期未申请延续或延续申请未获批准的，规划条件失效。

发件日期：2013 年 7 月 3 日

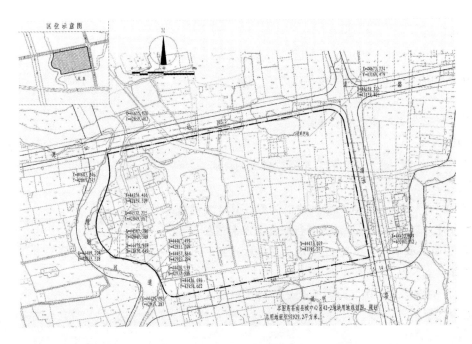

图 3-4　42-2 地块用地红线图

【案例 3-3】

　　某城市中心区两个地块的土地使用权准备一起出让，两地块面积共 46hm²，规划性质为居住和公建用地，建设总量控制为住宅 60 万 m²，公建 40 万 m²。该地段西侧、北侧为城市公园，东侧为市级体育设施。地块南侧和东侧临城市主干路，西、北两侧为城市次干路。城市干路围合范围内的用地面积为 85hm²，其中已建成三个居住小区，分别位于该地块的南侧和北侧，已按小区规模安排了配套设施，并已有一所中专学校。依据该两地块土地出让的规划设计条件，分析还有哪些规划设计条件需要补充（地段现状如图 3-5 所示）。已给出的规划设计条件：

　　1. 用地情况：规划用地性质、规划用地面积、用地边界条件。

　　2. 土地使用强度：容积率、建筑密度等规划控制指标。

　　3. 建筑后退要求（包括城市绿化带和建筑后退线）及间距规定。

　　4. 绿地率及集中绿地配置要求。

　　5. 建筑风格、体量、色彩等要求。

　　6. 遵守事项：规划设计条件的时限、规划方案编制、报审及建设项目相关手续申报须符合的有关规范和规定要求。

　　试补充其他必要的规划设计条件。

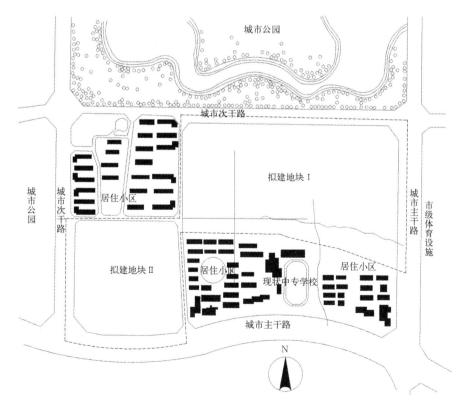

图 3-5　地段现状示意图

【特别提示】

城乡规划的实施，一般来说按照项目类型不同，其流程可分为两种：一类是公益性建设项目，主要属于政府投资的公共项目，以行政划拨方式供地；另一类是经营性建设项目，属市场投资的自营项目，土地以招投标方式取得。行政划拨方式供地的项目其流程是核发选址意见书，而土地以招投标方式取得的项目其流程是提供规划条件。

3.2 建设工程设计方案核准

3.2.1 依据程序

3.2.1.1 依据

1. 国有土地出让合同中的规划条件或选址意见书的要求；

2. 相关技术标准和规范及《地方规划管理技术审批规定》；

3. 建设工程设计方案规范规定的内容要求；

4. 消防、交通、日照、人防、市政绿化等专业要求。

3.2.1.2 程序：受理、审查、公示、核发。

3.2.2 申请材料

根据《建设项目选址意见书》、《国有土地使用权出让（转让）合同》提出的规划设计要求，申请单位委托设计单位进行建设工程设计或进行设计修改后，须向规划部门申办《建设工程设计方案审查》，申请人须提交申请，并按要求提供所规定的文件、图纸、资料进行申报。

1. 填报《建设工程设计方案审查申请表》，提供申请人身份证明（营业执照、身份证复印件）；

2. 土地出让合同（含规划条件及附图）或选址意见书（包括附图与建设项目建议书或核准联系书）；

3. 建设工程设计方案（纸质稿文件二套，电子稿一份）；

4. 1：500 或 1：1000 建筑设计方案总平面图（图纸二份，总平面图应符合国家和本市方案出图标准，并加盖建筑设计单位的建筑设计方案出图章和设计负责人、注册建筑师印章）；

5. 需要日照分析的项目应提交日照分析报告；

6. 因建设项目的特殊性需要提交的其他相关材料。

3.2.3 审查内容与形式

3.2.3.1 审查内容

1. 建设工程设计方案是否图文一致的审查；

2. 是否符合规划条件与要求的审查；

3. 是否满足地方规划技术管理规定及各相关专业规范标准的审查；

4. 建设工程设计方案设计水平质量的审查。

3.2.3.2 审查形式

1. 局内审，适用于一般地区一般性项目，如生产性项目；

2. 部门联合审查，适用于开发项目与重点项目。

3.2.4 批前公示

按照《行政许可法》要求，必须在网络和项目现场公示，公示没异议的可以给予办理，有异议的需依法举行听证。

3.2.5 审定文件

1. 关于核发《建设工程规划设计方案审核意见》的通知一份；

2. 盖有"×××规划局规划管理业务专用章"的核定的建设工程设计方案文件二份与总平面图八份。

【特别提示】

1. 建设工程设计方案是从抽象的定量定性的规划条件转化成三维有形的规划意向环境的关键，此审查环节其意义十分重大。

2. 为了取得高水平的建设工程设计方案，可以对重要地段重点项目实施个案式管理，在规划条件中要求设计方案进行多方案优选。

【案例3-4】县城中心区控规42-2地块设计
方案审查（图3-6~图3-8）

图3-6 42-2地块设
计方案总平图

图 3-7　42-2 地块设计方案效果图

苍南县城中心区控规42-2地块经济技术指标					
项目		数值 苍政办〔2012〕129号	数值 《浙江省房屋建筑面积测算实施细则（试行）》	单位	备注
总用地面积		58015	58015	m²	
其中	道路代征用地	85.8	85.8	m²	
	建设用地面积	57929.2	57929.2	m²	
总建筑面积		162558.0	162558.0	m²	
地上计容建筑面积		115858.0	115858.0	m²	
其中	住宅建筑面积	113407.00	113407.00	m²	
	其中 90m²套型	34190.40	34190.40	m²	
	140m²套型	46949.92	46949.92	m²	
	160m²套型	32266.68	32266.68	m²	
	配套用房	2451.00	2451.00	m²	
	其中 物业管理用房	811.00	811.00	m²	7‰
	社区服务中心	800.00	800.00	m²	800（规划指标）
	门卫	60.00	60.00	m²	
	公厕	50.00	50.00	m²	50（规划指标）
	开关站变电所	650.00	650.00	m²	
	消控中心	30.00	30.00	m²	
	监控用房	20.00	20.00	m²	
	电视电信用房	30.00	30.00	m²	
不计容建筑面积		46700.00	46700.00	m²	
其中	地下建筑面积	41600	41600	m²	其中人防建筑面积7535
	架空层建筑面积	5100	5100	m²	
建筑占地面积		8690.0	8690.0	m²	
建筑密度		15.00		%	30%（规划指标）
容积率		2.0			
绿地面积		17769.00		m²	
绿地率		30.67		%	30%（规划指标）
总户数		908		户	
户均人数		3.2		人	
居住人数		2906		人	
机动车停车位		1104		辆	
其中	地上	14		辆	
	地下	1090		辆	
非机动车停车位（地下）		1500		辆	
备注：计算原则根据苍政办〔2012〕129号关于建设工程计入容积率建筑面积指标计算规定的通知 套型建筑面积90平方米以下住宅面积占总住宅建筑面积的30.1%					

图 3-8　42-2 地块设计方案指标图

县城中心区 42-2 地块设计方案
审核意见

温州宁联投资置业有限公司：

我局组织相关部门人员（名单附后）于 2013 年 11 月 8 日上午在苍南国际大酒店三楼聚贤厅对苍南县城中心区 42-2 地块设计方案召开评审会议，有关单位及部门参加了会议（名单附后）。在听取了设计单位的汇报后，与会各单位结合各自的专业及相关政策管理规定，对该项目设计方案进行了认真细致的讨论，与会单位一致认为设计单位提交的设计方案总平面布局基本合理，功能结构清晰，设计内容较为全面，按以下意见修改后转入初步设计：

1. 深化总平面设计。补充区位图，明确周边道路断面。建议增设垃圾收集房。根据周边道路控制标高，合理设置场地标高。

2. 细化经济技术指标。容积率计算按苍政办 [2012]129 号文件执行，每户住宅阳台面积占每户住宅建筑面积的比例控制在 6% 以内。按《城市居住区规划设计规范》和《浙江省城市绿地植物配置技术规定（试行)》的规定提供绿地率指标计算的平面图。

3. 优化地块交通组织。停车库出入口坡道终点与城市道路红线的距离不小于 12 米。尽量加大停车场出入口与道路交叉口距离。

4. 进一步优化建筑单体设计。优化建筑立面。底层设置部分物业用房。飘窗尺寸应符合苍政办 [2012]129 号文件的要求。公共厕所内设置管理用房。降低露台外侧围护结构至栏杆高度。取消阳台外侧设备平台。

5. 深化地块智能化和建筑节能设计。进一步测算用水和用电负荷，各市政管线规划应与县城新区市政管网配套相衔接，并符合有关技术规范。配电房服务半径应符合规范。优化安防监控系统设计。管道设计应考虑沉降。

6. 细化人防设计，补充相关设计依据。

附件：会议签到表（略）

2013 年 2 月 7 日

【案例 3-5】

某市中心有一座市级医院，地处两条交通繁忙的城市干道交叉口的西北角，占地面积为 0.48hm²。医院为改善门诊条件，决定将位于转角处的 2 层门诊楼改建为 6 层门诊楼，并提出了医院改建总平面图（图 3-9）。改建后全院总建筑面积约 14000m²。

试分析：这个规划在总平面布置、交通组织、安全防火等方面存在的问题。提示：

1. 该市医院建筑的规定停车泊位可按 0.5 辆 /100m² 计算；

2. 暂不考虑建筑高度、体形、容积率、后退红线等其他问题。

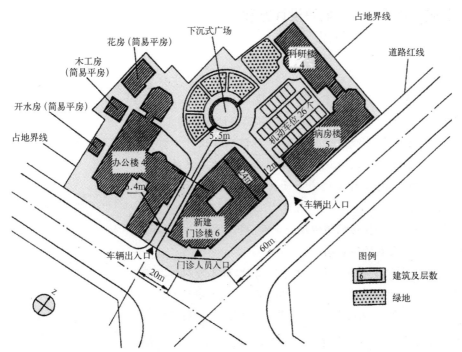

花房（简易平房）
下沉式广场
占地界线
木工房（简易平房）
科研楼 4
道路红线
开水房（简易平房）
占地界线
办公楼 4
机动车位 26 个
病房楼 5
5.5m
5.4m
新建门诊楼 6
车辆出入口
车辆出入口
门诊人员入口
60m
20m

图例
建筑及层数
6
绿地

图 3-9　某市级医院改
建规划总平面图

3.3　建设用地规划管理

　　《建设用地规划许可证》是建设单位在向土地管理部门申请批准土地使用权前，经城乡规划行政主管部门确认建设项目位置和范围符合城乡规划的法定凭证。新建、改建、扩建需要使用土地或改变原址土地使用性质（包括临时用地）时，必须向规划部门申请建设用地规划许可，其目的是确保城乡土地符合城乡规划，维护各行各业按照城乡规划使用土地的合法权益，为国土部门审批土地提供必要的法律依据。

3.3.1　依据与程序

3.3.1.1　依据

　　《城乡规划法》第三十七条　在城市、镇规划区内以划拨方式提供国有土地使用权的建设项目，经有关部门批准、核准、备案后，建设单位应当向城市、县人民政府城乡规划主管部门提出建设用地规划许可申请，由城市、县人民政府城乡规划主管部门依据控制性详细规划核定建设用地的位置、面积、允许建设的范围，核发建设用地规划许可证。

　　建设单位在取得建设用地规划许可证后，方可向县级以上地方人民政府土地主管部门申请用地，经县级以上人民政府审批后，由土地主管部门划拨土地。

　　《城乡规划法》第三十八条　在城市、镇规划区内以出让方式提国有土地使用权的，在国有土地使用权出让前，城市、县人民政府城乡规划主管部门应当依据控制性详细规划，提出出让地块的位置、使用性质、开发强度等规划条件，作为国有土地使用权出让合同的组成部分。未确定规划条件的地块，不得出让国有土地使用权。

以出让方式取得国有土地使用权的建设项目，在签订国有土地使用权出让合同后，建设单位应当持建设项目的批准、核准、备案文件和国有土地使用权出让合同，向城市、县人民政府城乡规划主管部门领取建设用地规划许可证。

城市、县人民政府城乡规划主管部门不得在建设用地规划许可证中，擅自改变作为国有土地使用权出让合同组成部分的规划条件。

《城乡规划法》第三十九条　规划条件未纳入国有土地使用权出让合同的，该国有土地使用权出让合同无效；对未取得建设用地规划许可证的建设单位批准用地的，由县级以上人民政府撤销有关批准文件；占用土地的，应当及时退回；给当事人造成损失的，应当依法给予赔偿。

建设用地规划管理作为新建项目选址的后续管理环节，建设项目选址规划管理的依据和结果是其管理的依据。计划部门批准的建设项目可行性研究报告等计划文件也是建设用地规划管理的重要依据。

3.3.1.2　办理程序：受理、踏勘、公示、核准。

3.3.2　申请材料

申办《建设用地规划许可证》申请人须提交用地许可申请，并按要求提供所规定的文件、图纸、资料进行申报。

1. 申请表及申请人身份证明（营业执照、身份证复印件，非法人亲自办理需填写授权委托书）；

2. 项目批准文件：计划部门文件（备案、核准、可行性研究报告批复中的一种）；

3. 建设项目选址意见书或国有土地出让合同（含规划条件及附图）；

4. 《建设工程规划设计方案审核意见》；

5. 盖有"×××规划局规划管理业务专用章"的核定的建设工程设计方案总平面图（建议提供 7 张以上原件，1 张存档，其余归还业主办理后续手续使用）（含电子文件）；

6. 特殊项目需提供相关部门审查意见。

3.3.3　审核与公示

3.3.3.1　审核

规划部门应当依据控制性详细规划对建设用地的位置、面积、允许建设的范围等内容进行审核，决定是否核发建设用地规划许可证。

3.3.3.2　公示

按照《行政许可法》要求，必须在网络和项目现场公示（图 3-10），公示没异议的可以给予办理，有异议的需依法举行听证。

图 3-10 建设用地许可批前公示

3.3.4 核准文件

1.《建设用地规划许可证》一份（图 3-11）；

2.盖有"×××规划局规划管理业务专用章"的核定的规划用地红线图七份。

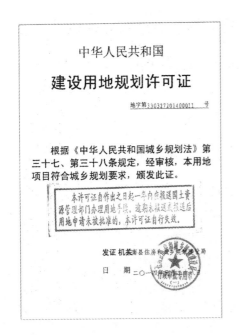

图 3-11 建设用地规划许可证

取得建设用地规划许可证后一年内未取得用地批准文件，可以在期限届满前三十日内向原核发机关申请办理延续手续；申请延续的次数不得超过两次，每次延续的期限不得超过一年；逾期未申请延续或者延续申请未获批准的，建设用地规划许可证失效。

建设项目批准、核准文件被依法撤销、撤回、吊销，或者土地使用权被依法收回的，规划许可机关核发的相应规划许可证失效。

规划许可证失效的，规划许可机关应当注销相应的规划许可证。

【案例3-6】

某沿海地级市20世纪90年代初期，根据自身发展需要，准备在城市东部建设中心区，主要目的是疏解旧城区人口、商业和行政办公的压力，用以发展城市新的商务中心、金融服务中心、大型会展文化中心和部分市级行政办公机构。当时，该城市东部正处于城市主要发展地区，面积约3km²，面对内海湾，与原有旧城既有一段距离，又有比较方便的交通联系，是该市中心区建设理想的选址地点。市政府随后组织编制中心区详细规划和城市设计，开始对外招商，准备大干一场。但是没有想到，随着国家治理经济过热和1997~1998年的亚洲金融危机，不少原准备开发的投资方，由于资金的限制，加上大环境的需求不足，纷纷撤资或停工等待，中心区只建成了一个会展中心、一个图书馆和一个中心广场。市政府为了继续推动该地区的开发，匆忙修改规划，将原来准备建设商务中心的大片土地改为居住用地，重新招商，开发房地产，陆续在中心区的周边建起了三个住宅小区。但是，2000年以后，随着经济形势的逐渐好转，全市性的商务办公和金融服务的需求又重新上升，申请建设的项目增加不少，可是这些好项目苦于找不到合适的选址，原中心区的土地已经有相当部分被政府转变为居住用地。一方面，原中心区实际上只建成一半，城市中心职能远远没有发挥出来，几乎没有剩余的土地；另一方面，新的建设项目又没有地方建设。政府希望有关规划部门能够重新确定一个中心区的位置，以解决城市的燃眉之急。请评析。

【案例3-7】

某工业企业位于市中心重点地区，占地面积2.45hm²，由于企业经济效益不好，准备利用区位优势，将一部分多余的工业用地出让，建设住宅。该企业经与某房地产开发公司达成协议，由房地产开发公司向城市规划行政主管部门申请建设住宅。城市规划行政主管部门经过城市总体规划和控制性详细规划，该用地性质为公共设施用地。

那么，城市规划行政主管部门对此应持何态度？应如何办理相应手续？

3.4 建设工程规划管理

3.4.1 依据与程序

3.4.1.1 依据

《城乡规划法》第四十条 在城市、镇规划区内进行建筑物、构筑物、道路、管线和其他工程建设的，建设单位或者个人应当向城市、县人民政府城乡规划主管部门或者省、自治区、直辖市人民政府确定的镇人民政府申请办理建设工程规划许可证。

申请办理建设工程规划许可证，应当提交使用土地的有关证明文件、建设工程设计方案等材料。需要建设单位编制修建性详细规划的建设项目，还应当提交修建性详细规划。对符合控制性详细规划和规划条件的，由城市、县人民政府城乡规划主管部门或者省、自治区、直辖市人民政府确定的镇人民政府核发建设工程规划许可证。

城市、县人民政府城乡规划主管部门或者省、自治区、直辖市人民政府确定的镇人民政府应当依法将经审定的修建性详细规划、建设工程设计方案的总平面图予以公布。

1. 土地批准文件；

2. 盖有"×××规划局规划管理业务专用章"的核定的建设工程设计方案文件；

3.《建设用地规划许可证》及附件；

4. 有关消防、道路交通、市政管线等规范；

5. 政策规定：容积率奖励政策等。

3.4.1.2 办理程序：受理、踏勘、公示、核准。

3.4.2 申报材料

申办《建设工程规划许可证》申请人须提交用地许可申请，并按要求提供所规定的文件、图纸、资料进行申报。

1. 填报《建设工程规划许可证申请表》，提供申请人身份证明（营业执照、身份证复印件，非法人亲自办理需填写授权委托书）。

2. 地形图四份（向测绘院晒印，比例1：500或1：1000，地形图上需按总平面设计图要求划示新建建筑物位置及有关尺寸）。

3. 总平面设计图四份（比例1：500或1：1000，应标明建筑基地界限、新建建筑物的外轮廓尺寸和层数、新建建筑物与基地界限、道路规划红线、相邻建筑物、河道规划蓝线、高压线的间距尺寸）。

4. 建筑施工图（平、立、剖面图及图纸目录）两套（含电子稿一份），建筑分层面积表两份（应按国家有关建筑面积规定计算），绿地布置图两份。

5. 建设基地的土地使用权属证件（复印件）；如属新征土地，应提供国土部门核发的建设用地批准书（复印件）。

6. 原有基地拆房，需提供拟拆房屋的权属证明（复印件）。

7. 基础施工平面图，基础详图及桩位平面布置图各两份。

8. 建设项目可行性研究报告批准文件。

9. 需要日照分析的项目需提供日照分析报告。

10. 消防、环保、卫生和交通等有关管理部门的审核意见。

11. 市园林部门的审核意见和绿化保证金缴费凭据。

12. 市民防办公室和市新型墙体材料办公室的审核意见或缴费凭证。

13. 防雷审核意见。

14. 设计方案审核时要求附送的其他有关文件、资料。

3.4.3 审核与公示

3.4.3.1 审核内容

1. 建筑物使用性质的审核，主要是审核建筑平面使用功能。在建筑工程规划管理中，对建筑单体平面应仔细审阅，对于其中使用功能不明确的应要求予以明确，并能符合土地使用性质相容性的原则。随着经济发展、科学进步、建筑使用性质日趋复杂化、综合化、智能化，应本着土地使用相容性的原则和保障公共利益和相关权益的原则对建筑物使用性质予以控制。

2. 建筑容积率。建筑容积率审核应注意的问题，一是应审核其计算是否规范；二是建筑面积统计口径。

3. 建筑密度，建筑基地面积计算。

4. 绿地率。

5. 建筑层数高度的控制。

6. 日照分析结论与建筑间距。

7. 建筑退界距离。

8. 道路交通出入口与停车配建。

9. 基地标高。建筑物的室外地面标高，必须符合地区详细规划要求。尚未编制详细规划的地区，可参考该地区的城市排水设施情况和附近道路、建筑物的现状标高确定，不得妨碍相邻各方的排水。建设基地标高一般应高于相邻城市道路中心线标高 0.3m 以上。

10. 建筑环境的协调管理。

11. 配套公共设施和无障碍设施的控制。

12. 相关专业部门的意见。

【特别提示】

1. 审核内容多涉及面广，通常规划部门只注重形式审查，实质性量化指标审查工作量极大，一般要求甲方委托第三方进行预测并提供预测报告后进行审查；

2. 建设工程规划许可证是建设工程施工建设的合法凭证，其许可是规划实施管理的最后核准环节，责任重大，应认真细致地严格把关；

3. 建设工程一般分为建筑工程、市政管线工程和市政交通工程三大类，规划管理分别对其进行审核，后两类在模块6阐述。

3.4.3.2 公示

按照《行政许可法》要求，必须在网络和项目现场公示（图 3-12、图 3-13），公示没异议的可以给予办理，有异议的需依法举行听证。

苍南县住房和城乡规划建设局
行政许可批前公示

　　申请单位苍南县第三水厂日前向我局提出建设工程规划许可申请，要求在苍南县灵溪镇城西路北侧、园区六路西侧、G15高速公路苍南收费站东侧建设苍南县第三水厂建设工程，其总平图如图所示，其主要要求是：

（1）使用功能：V型滤池、二级泵房、综合加药间、排泥水调节池及回用水池、脱水机房、机修车间、综合办公楼等。

（2）用地面积：51980.5m²，其中绿地代征面积6513.5m²，道路代征1067.6m²。

（3）建筑面积：6252.9m²。

（4）建筑层数和高度：综合办公楼，3层局部2层，15m；其余建筑为1层，5.50～9.50m。

　　凡是与本建设项目有重大利害关系的公民、法人以及其他组织，应在公示之日起10日内，持本人身份证件以及证明利害关系存在的证明材料（如本人房屋所有权证、土地证等）到苍南县灵溪镇人民大道县住房和城乡规划建设局监察法制科申报，登记为利害关系人，依法行使陈述、申辩以及听证等权利，逾期不申报的，视为放弃上述权利。

　　联系电话：59896022
　　　　　　　64757030

　　　　　　　　苍南县住房和城乡规划建设局

图 3-12　建设工程规划许可批前公示

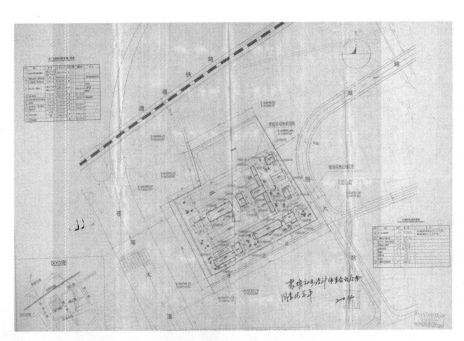

图 3-13　施工总平图

3.4.4 审批文件

1.《建设工程规划许可证》(图 3-14);

2. 盖有"×××规划局规划管理业务专用章"的核定的施工图文件和施工总平面图两份。

图 3-14　建设工程规划许可证

取得建设工程规划许可证后一年内未取得施工许可证的,可以在期限届满前三十日内向原核发机关申请办理延续手续;申请延续的次数不得超过两次,每次延续的期限不得超过一年;逾期未申请延续或者延续申请未获批准的,建设工程规划许可证失效。

建设项目批准、核准文件被依法撤销、撤回、吊销,或者土地使用权被依法收回的,规划许可机关核发的相应规划许可证失效。

规划许可证失效的,规划许可机关应当注销相应的规划许可证。

【思考题】

1. 城乡规划实施管理的主要环节有哪些,它们之间的关系是什么?

2. 公益性建设项目和经营性建设项目的规划实施流程差异在哪里?

3."一书两证"是指什么?

4. 建设项目选址的依据是什么?

5. 提供《规划条件》的主要内容是什么?

6. 建设用地规划管理中制定的规划条件变更的要求是怎样的?

7. 如何理解《规划条件》是规划许可的核心内容?

8. 简述规划用地管理与国土供地的法律关系?

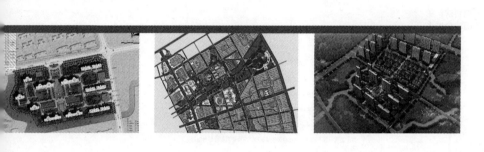

4

模块 4　规划监察

教学要求

　　通过本模块学习，了解城乡规划执法监察的法律依据、主要内容，掌握规划实施监督检查的主要任务、程序要求及相关注意事项，了解城乡规划的违法主体、违法行为和法律责任，掌握违法建设的查处流程。了解听证、行政复议、行政诉讼等救济行为的概念、适用范围和程序。

教学目标

能力目标	知识要点	权重	自测分数
了解规划监察的依据、内容和机构	法律依据和主要内容		
掌握规划实施监督检查	主要任务、程序要求		
了解规划违法主体、违法行为和法律责任	城乡规划法相关规定		
掌握违法建设的查处流程	法定程序与要求		
了解听证、行政复议、行政诉讼	相关规定与程序		

城乡规划监察贯穿于城乡规划制订和实施的全过程，是城乡规划管理工作的重要组成部分，也是保障城乡规划工作科学性与严肃性的法制手段。《城乡规划法》"监督检查"一章，强化了对城乡规划工作的人大监督、公众监督、行政监督以及各项监督检查措施。"法律责任"一章对城乡规划相关的违法行为、违法行为主体、应承担的法律责任作了详细规定。

听证、行政复议、行政诉讼都是法律规定的行政救济行为，既为了保护公民、法人和其他组织的合法权益，也为了维护和监督行政机关依法行使行政职权。

【知识点滴】

十八届三中全会通过的《中共中央关于全面深化改革若干重大问题的决定》第三十一条指出：深化行政执法体制改革。整合执法主体，相对集中执法权，推进综合执法，着力解决权责交叉、多头执法问题，建立权责统一、权威高效的行政执法体制……理顺城管执法体制，提高执法和服务水平。

《中共中央国务院关于进一步加强城市规划建设管理工作的若干意见》第二十五条"改革城市管理体制"指出：明确中央和省级政府城市管理主管部门，确定管理范围、权力清单和责任主体，理顺各部门职责分工。推进市县两级政府规划建设管理机构改革，推行跨部门综合执法。在设区的市推行市或区一级执法，推动执法重心下移和执法事项属地化管理。

4.1 城乡规划监察

4.1.1 规划监察

城乡规划监察主要是对城乡规划区内的建设用地和建设行为进行监察，维护规划严肃性的法制手段。

4.1.1.1 主要法律法规依据

1.《城乡规划法》第九条第二款规定任何单位和个人都有权向城乡规划主管部门或者其他有关部门举报或者控告违反城乡规划的行为。城乡规划主管部门或者其他有关部门对举报或者控告，应当及时受理并组织核查、处理。

2.《城建监察规定》第七条第一款规定城建监察队伍的基本职责之一就是实施城市规划方面的监察，依据《城乡规划法》及有关法规和规章，对城市规划区内的建设用地和建设行为进行监察。

3. 各省、直辖市《城乡规划条例》及其他相关法律、法规。

4.1.1.2 主要内容

《城乡规划法》规定的监督检查主要包括：行政监督、人大监督、公众监督。在实际工作中，规划主管部门对城乡规划的实施情况进行监督检查是常态性的，有权采取以下措施：

1. 要求有关单位和人员提供与监督事项有关的文件、资料，并进行复制；

2. 要求有关单位和人员就监督事项涉及的问题作出解释和说明，并根据需要进入现场进行勘测；

3. 责令有关单位和人员停止违反有关城乡规划的法律、法规的行为。

城乡规划主管部门的工作人员履行前款规定的监督检查职责，应当出示执法证件。被监督检查的单位和人员应当予以配合，不得妨碍和阻挠依法进行的监督检查活动。

4.1.1.3 机构设置

住房和城乡建设部、省（直辖市）住房和城乡建设厅专门设有稽查、监察机构，并在条件成熟地区逐步健全国家城乡规划督察员制度，实现规划督查全覆盖。

各市、县一般在建设、规划及市政园林等部门分别设立执法监察机构，城乡规划执法监察机构大部分为规划局，属事业单位。近年来，随着行政执法体制改革的深化，有不少城市开始将包括城乡规划在内的住房和城乡建设系统的执法监察职能全部划归城市综合执法机构。

【案例4-1】××市规划监察支队单位职能

××市规划监察大队由×编（2001）56号文批准成立，根据×编办（2009）32号文批准更名为××市规划监察支队，隶属于××市规划局。为全民事业单位（参照公务员管理）。

主要职责：履行市、区规划监察。

××市规划局委托××市规划监察支队行使以下职权：

1. 负责全局批后管理、违法建设处罚、规划核实的工作制度、流程、标准和长效保障机制制订；

2. 负责全局行政执法队伍规范化建设和长效化管理；

3. 负责全局批后管理、违法建设处罚、规划核实的业务指导、专业培训、监督检查、数据统计和业务台账。规范化建设。

【特别提示】

随着经济社会进步和法治国家建设，执法监察将从狭义的行政监督检查走向广义的、全方位的监督检查，城乡规划行政主管部门成为监督检查对象甚至被告的现象也不再新鲜。

4.1.2 规划实施监督检查

城乡规划实施监督检查是依照批准的城乡规划和规划法规对城乡的土地利用和各项建设活动进行监督检查，查处违法用地与违法建设，收集、综合、反馈城乡规划实施的信息。

城乡规划实施监督检查可分为依申请检查和依职能检查两大类。《城乡规划法》第四十五条和第五十三条有具体规定。

4.1.2.1 主要任务

1. 城乡土地利用的监督检查。包括对建设工程利用土地情况和对规划区内保留和控制区用地情况的监督检查两个方面。

2. 建设活动过程的监督检查。依据核发的建设工程规划许可证，通过确立用地红线边界、复验灰线、施工检查、竣工规划验收等环节，对建设活动进行跟踪、监督和检查。

3. 查处违法用地和违法建设。

4. 检查建设用地和建设工程规划许可证合法性。

5. 建筑物、构筑物使用性质的监督检查。

4.1.2.2 检查程序和要求

城乡规划管理部门对建设活动进行监督检查主要把握道路规划红线定界、复验灰线、建设工程竣工规划验收等环节（图4-1）。

1. 复验灰线

建设工程和管线、道路、桥梁工程现场放线后，建设单位或者个人必须依照规定向规划管理部门申请复验，并报告开工日期。开工前，规划管理部门应当指定监督检查人员承担复验灰线任务，一般包括以下6个方面的检查。

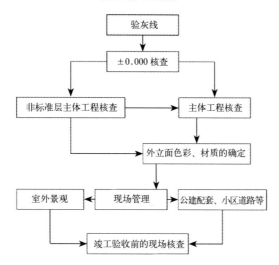

批后管理流程

图4-1 批后管理流程

（1）检查建筑工程施工现场是否悬挂建设工程规划许可证。

（2）检查建筑工程总平面放样是否符合建筑工程规划许可证核准的图纸。

（3）检查建筑工程基础的外沿与道路规划红线、与相邻建筑物外墙、与建设用地边界的距离。

（4）检查建筑工程外墙长、宽尺寸。

（5）查看基础周围环境及有无架空高压电线等对建筑工程施工有相应要求的情况。

（6）对市政管线或市政交通工程应当检查管线或道路的中心线位置。

2. 建设工程竣工规划验收

建设工程竣工后，应当向城乡规划管理部门报送建设工程竣工规划验收申请（图4-2、图4-3）。申请建设工程竣工规划核实的，应当提交下列资料：

（1）建设工程竣工规划核实申请表；

（2）《建设用地规划许可证》和《建设工程规划许可证》；

（3）具有相应测绘资质的单位出具的建设工程竣工测绘报告及图件（地下管线工程应当在覆土前进行竣工测绘）；

（4）因建设项目的特殊性需要提交的其他相关材料，以及我局规定的其他材料。

监督检查人员通过调档和现场验收方式对以下主要内容进行竣工规划核实：

（1）总平面布局。检查建设工程的位置、占地范围、坐标、标高、平面布置、建筑间距、出入口位置等是否符合许可要求。

（2）容量指标。检查各性质建筑面积、建筑层数、建筑密度、容积率、建筑高度、绿地率、停车泊位等是否符合许可要求。

（3）建筑立面、造型。检查建筑物或构筑物的形式、风格、色彩、立面处理等是否符合许可要求。

（4）室外设施。检查室外工程设施，如道路、踏步、绿化、围墙、大门、停车场、雕塑、水池等是否符合许可要求，并检查其施工现场临时设施是否按规定期限拆除并得到清理。

竣工验收合格后，发放建设工程竣工规划核实确认书，建设单位应当在六个月内向城乡规划行政主管部门报送竣工档案资料，包括文件和图纸等。料，包括文件和图纸等。

<table>
<tr><td colspan="8" align="center">南京市规划局建设项目批后监督事项申请表</td></tr>
<tr><td>项 目 名 称</td><td colspan="3">南京市规划局办公楼改造</td><td colspan="2">项 目 编 号</td><td colspan="2">城中200800001
（首次申报无需填写）</td></tr>
<tr><td rowspan="3">建 设 地 址</td><td colspan="7">☑鼓楼区　□玄武区　□白下区　□秦淮区　□建邺区　□下关区
□栖霞区　□雨花台区　□江宁区　□六合区　□浦口区
□溧水县　□高淳县</td></tr>
<tr><td colspan="2">华侨路</td><td colspan="2">街道 高家酒馆</td><td>路（街）</td><td colspan="2">15　号</td></tr>
<tr><td colspan="2">建 设 单 位 南京市规划局</td><td colspan="2">组 织 机 构 代 码</td><td colspan="3">01294777-9</td></tr>
</table>

项 目 名 称	南京市规划局办公楼改造	项 目 编 号	城中200800001（首次申报无需填写）

建 设 地 址	☑鼓楼区 □玄武区 □白下区 □秦淮区 □建邺区 □下关区
	□栖霞区 □雨花台区 □江宁区 □六合区 □浦口区
	□溧水县 □高淳县
	华侨路　街道 高家酒馆　路（街）15　号

建 设 单 位	南京市规划局	组 织 机 构 代 码	01294777-9
报 建 人	张明	联 系 电 话	139*******
身份证件类型	身份证	身 份 证 件 号 码	3201**************

申 请 事 项	□验线（ ○灰线　○±0 ） ☑验收（ ○建筑　○配套市政　⊙建筑+配套市政　○市政 ）

申　　　请　　　工　　　程		
建　　筑　　工　　程　　类		
许可证号	工程名称	
建字第3201062008100001号	办公楼改造	
市　　政　　工　　程　　类		
许可证号	工程名称	
建字第3201062008210001号	排水	
建字第3201062008210002号	给水	
建字第3201062008210003号	燃气	
建字第3201062008210004号	电力	
建字第3201062008210005号	通讯	
建字第3201062008210006号	有线电视	

报　送　图　件　清　单					
图件全名	文号	电子文件名	份数	页数	缺件记录
建设工程规划许可证、附图	建字第3201062008100001号	建设工程规划许可证及附图.jpg	1	1	
建设工程规划许可证、附图及市政验线单	建字第3201062008210001号	建设工程规划许可证、附图及市政验线单1.jpg	1	1	
	建字第3201062008210002号	建设工程规划许可证、附图及市政验线单2.jpg	1	1	
	建字第3201062008210003号	建设工程规划许可证、附图及市政验线单3.jpg	1	1	
	建字第3201062008210004号	建设工程规划许可证、附图及市政验线单4.jpg	1	1	

表07　　　　　　　　　　　　　　　　第1页

图4-2　南京市规划局建设项目批后监督事项申请表第1页

	建字第320106200821005号	建设工程规划许可证、附图及市政验线单5.jpg	1	1	
	建字第320106200821006号	建设工程规划许可证、附图及市政验线单6.jpg	1	1	
南京市规划局建设项目规划方案审定意见通知书	宁规方案（2008）00001号	南京市规划局建设项目规划方案审定意见通知书.jpg	1	1	
南京市规划局建设项目规划设计要点	宁规要点（2008）00001号	南京市规划局建设项目规划设计要点.jpg	1	1	
建设工程档案专项验收意见书	编号：（2008）0001号	建设工程档案专项验收意见书.jpg	1	1	
竣工测量成果报告	08中-0001c	竣工测量成果报告.jpg	1	1	
竣工测量成果报告（管线综合）	08中-0001c-0001c	竣工测量成果报告（管线综合）.jpg	1	1	
建设工程验线结果表	宁规城中验线[2008]字第0001号	建设工程验线结果表.jpg	1	1	

| 填写须知：
　　根据有关法律规定，申请人应如实提交有关材料和反映真实情况，并对申请材料实质内容的真实性负责。以虚报、瞒报、造假等不正当手段取得批准文件的，将依法予以撤销。 | 我单位已阅知有关填写须知，并承诺对申报材料的真实性及数据的准确性（含电子文件与图纸的一致性）负责，自愿承担虚报、瞒报、造假等不正当手段而产生的一切法律责任。
　　（单位盖章） | | | |
| | 报建人签名　张明 | 日期　2009年2月1日 | | | |

填表说明

1、建设单位申报验线与验收时填写本表。填写完毕后应打印盖章，并同步提交电子文件。

2、表格中存在填充颜色的项需要键盘输入；标志有"□"的选项可以多选；标志有"○"的选项只能单选。当选中有"□"的选项后，如果其后存在括弧，则必须选中括弧内带"○"的选项中的一个。

3、如果需要增加建筑工程类许可证、市政工程类许可证及报送图件信息，请点击"添加行"按钮添加；如果需要删除多余的行，请选择需要删除的行后，点击对应的"删除行"按钮。

4、申请事项。建设单位应根据《南京市城市规划条例实施细则》第七十条、七十六条的规定申报相应事项。

5、申请工程。本次申请涉及的建（构）筑物单体名称、楼栋号、市政单项工程名称，应与建设工程规划许可证所载一致。

6、建设单位应按规定报送各申报阶段相应的材料及与纸质材料内容一致的电子文件，具体规定见《南京市城市规划条例实施细则》第七十二条、第七十八条及相关办事指南。

表07　　　　　　　　第2页

图4-3　南京市规划局建设项目批后监督事项申请表第2页

4.1.2.3　监督检查注意事项

1.检查人员执行检查时，必须两人以上，并应当佩戴公务标志，主动出示证件。

2.实施检查时，检查人员应当通知被检查人在现场，检查必须公开进行。

3.依申请检查必须及时，不能超过正常时间。

4.对检查结果承担法律责任。

4.1.2.4　执法人员素质要求

执法人员应具有过硬的政治素质和业务技能，良好的协调能力和工作作风。执法人员应该定期接受教育培训，不断提高业务素质和综合能力。

4.1.3　规划违法查处

4.1.3.1　法律责任

法律责任是指违反法律的规定而必须承担的法律后果。《城乡规划法》第六章"法律责任"共有12条，对城乡规划的违法行为、违法行为主体和应承担的法律责任作了明确规定。

1. 违法行为主体

（1）有关人民政府负责人及其他直接责任人员；

（2）城乡规划行政主管部门与相关行政部门直接负责的主管人员和其他直接责任人员；

（3）城乡规划编制单位；

（4）有关的建设单位和个人。

2. 违法行为

（1）地方政府及主管部门

1）应当编制城乡规划而未组织编制；

2）未按法定程序编制、审批、修改城乡规划；

3）委托不具有相应资质等级的单位编制城乡规划；

4）超越职权或者对不符合法定条件的申请人核发选址意见书、建设用地规划许可证、建设工程规划许可证、乡村建设规划许可证；

5）对符合法定条件的申请人未在法定期限内核发选址意见书、建设用地规划许可证、建设工程规划许可证、乡村建设规划许可证；

6）未依法对经审定的修建性详细规划、建设工程设计方案的总平面图予以公布；

7）同意修改修建性详细规划、建设工程设计方案的总平面图前未采取听证会等形式听取利害关系人的意见；

8）发现未依法取得规划许可或者违反规划许可的规定在规划区内进行建设的行为，而不予查处或者接到举报后不依法处理；

9）对未依法取得选址意见书的建设项目核发建设项目批准文件；

10）未依法在国有土地使用权出让合同中确定规划条件或者改变国有土地使用权出让合同中依法确定的规划条件；

11）对未依法取得建设用地规划许可证的建设单位划拨国有土地使用权。

（2）城乡规划编制单位

1）超越资质等级许可的范围、未取得资质证书、以欺骗手段取得资质证书承揽城乡规划编制工作；

2）违反国家有关标准编制城乡规划。

（3）建设单位或个人

1）未取得建设工程规划许可证进行建设；

2）未按照建设工程规划许可证的规定进行建设；

3）在乡、村庄规划区内未依法取得乡村建设规划许可证进行建设；

4）未按照乡村建设规划许可证的规定进行建设；

5）未经批准进行临时建设；

6）未按照批准内容进行临时建设；

7）临时建筑物、构筑物超过批准期限不拆除；

8）未在建设工程竣工验收后六个月内向城乡规划主管部门报送有关竣工验收资料。

3.应承担的法律责任

《城乡规划法》和2013年1月1日起正式实施的《城乡规划违法违纪行为处分办法》规定了各项城乡规划违法违纪行为应承担的法律责任。

此外，对于违法建设，《城乡规划法》赋予县级以上地方人民政府可以责成有关部门采取查封施工现场、强制拆除等措施的权力。对于违反《城乡规划法》的规定，构成犯罪的，要依法追究刑事责任，刑事责任主要涉及渎职罪和破坏市场经济秩序罪等。

4.1.3.2　查处机关

1.本级人民政府和本级人民政府城乡规划主管部门；

2.上级人民政府和上级人民政府城乡规划主管部门；

3.监察机关。

4.1.3.3　行政处罚

1.违法建设的概念

违法建设指未依法取得建设用地规划许可证和建设工程规划许可证，或者违反规划许可证的规定进行的建设，包括所有违法用地、违法建筑、违法建设工程。城乡规划行政主管部门超越或者变相超越职责权限核发规划许可证以及其他有关部门非法批准进行建设的，违法批准的规划许可证或者其他批准文件无效，违法批准进行的建设也按照违法建设处理。违法建设按照类型可以归纳成八个字：无证、违证、逾期和越权。

2.行政处罚的原则

（1）法定原则；

（2）公开公正原则；

（3）违法行为与处罚相适应原则；

（4）处罚与教育相结合原则。

3.行政处罚的类型

（1）责令停止建设；

（2）责令限期整改，并处罚款；

（3）限期拆除；

（4）没收实物或者违法收入，可以并处罚款。

4．查处程序

对于违法建设的查处应严格遵循立案、调查、取证、处罚、告知、送达等法律规定的工作程序（图4-4）。后续工作包括行政复议或应诉、申请强制执行和总结归档等工作步骤。

5．行政处罚决定书应当载明下列事项：

（1）当事人的姓名或者名称、地址；

（2）违反法律、法规或者规章的事实和证据；

（3）行政处罚的种类和依据；

（4）行政处罚的履行方式和期限；

（5）不服行政处罚决定，申请行政复议或者提起行政诉讼的途径和期限；

（6）作出行政处罚决定的行政机关名称和作出决定的日期。

行政处罚决定书必须盖有作出行政处罚决定的行政机关的印章。

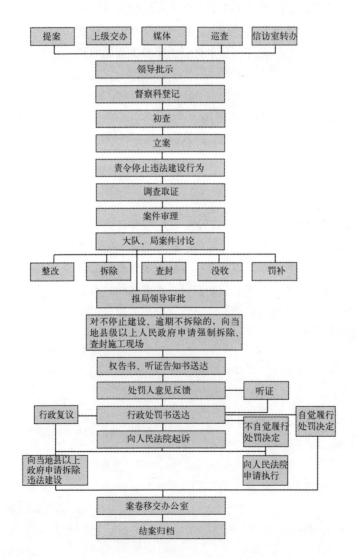

图4-4 违法建设查处流程

【案例 4-2】 ×××规划监察工作实务

1. 案件受理

（1）案件来源

1）领导交办

2）群众举报

3）巡查发现

4）有关单位提供线索

（2）立案审批（快速通道）

1）填写《立案表》（拟稿，不盖章）

2）分给承办人

2. 调查取证阶段

（1）根据《城乡规划法》第五十三条第一款第（一）、（二）项规定，复制、勘测、调取城市建设航拍图、拍照录像、询问笔录等调查取证。向有关单位、证人、当事人、利害关系人送达《调查取证通知书》（拟稿，市规划局盖章）。

（2）承办人制作现场检查（勘验）笔录。

（3）承办人和记录人员调查询问笔录。

（4）根据《城乡规划法》第五十三条第二款规定，被监督检查的单位和人员应当予以配合，不得妨碍和阻挠依法进行的监督检查活动。妨碍和阻挠监督检查活动的，根据《治安管理处罚法》第五十条规定，以市规划监察执法支队名义向辖区派出所提交《请求公安机关依法处理协助函》（拟稿，规划监察执法支队盖章），公安机关依法进行调查、警告、罚款或者拘留处理。

（5）证据保存决定书（拟稿，市规划局盖章）

3. 行政强制措施阶段

（1）根据《城乡规划法》第五十三条第一款第（三）项规定，区规划监察执法大队填写《责令停止施工通知书》（拟稿，市规划局盖章）。

（2）不停止建设的，根据《城乡规划法》第六十八条规定，区规划监察执法大队填写《查封施工现场决定书》（拟稿，市政府盖章）。

4. 行政处罚阶段

（1）区规划监察执法大队向规划局规划处发《是否可以补办手续协助函》（拟稿，市规划监察执法支队盖章），以明确职责防止推诿扯皮。

（2）规划局规划处函复可以改正的，根据《城乡规划法》第六十八条规定，区规划监察执法大队填写并送达《责令限期改正通知书》（拟稿，市规划局盖章），处以单体造价（合同价或者重置评估价）5%~10%的罚款。

（3）规划局规划处函复无法改正的，区规划监察执法大队填写并送达《拟行政处罚告知通知书》（拟稿，市规划局盖章），行政相对人在通知书规定的期限内申请听证的，区规划监察执法大队应当组织听证。

（4）在听证的基础上，对于无法补办规划手续的，区规划监察执法大队填写《责令限期拆除处罚决定书呈报表》（拟稿，区规划监察执法大队盖章），报市规划监察执法支队批准后填写《责令限期拆除处罚决定书》（拟稿，市规划局盖章），并处单体造价（合同价或者重置评估价）10%以下的罚款。

5. 救济阶段

被处罚人等行政相对人申请行政复议或者提起行政诉讼的，区规划监察执法大队起草、跟踪并于10天内提交《答辩状》（非拟稿，市规划局或者市政府盖章）。

6. 强制执行阶段

（1）行政相对人逾期不拆除的，区规划监察执法大队填写向其送达《催告通知书》（拟稿，市规划局盖章）。

（2）催告后逾期不拆除的，区规划监察执法大队起草《强制执行预案》及《强制执行社会稳定风险评估报告》报市规划监察执法支队审查同意后，向市人民政府提交《强制执行申请书》（非拟稿，市规划局盖章）申请强制拆除，市规划监察执法支队填写《强制执行决定书》（拟稿，市政府盖章）及《强制执行公告》（拟稿，市政府盖章），区规划监察执法大队负责送达及张贴发布。

（3）区规划监察执法大队填写《强制执行通知》（拟稿，区政府盖章）通知区公安分局、区规划监察执法大队强制拆除。重要的强制拆除工作，区政府可以发函请求市规划局、市公安局派员进行必要的配合。

（4）区规划监察执法大队填写《强制执行通报函》（拟稿，区政府盖章），建议纪委及检察院派员进行现场录像等法律监督。

（5）被执行人家里有残疾人、老年人，政府强制执行的社会效果较差，市规划局向人民法院提交《强制执行申请书》（非拟稿，市规划局盖章）申请法院强制执行强制，法院作出执行裁定后逾期不拆除的，法院根据《民事诉讼法》第一百二十一条规定，对被执行人进行司法拘留或者组织强制拆除。

【案例 4-3】违法查处

【案例 4-3-1】

某市有一引资宾馆工程，投资方坚持要占用该市总体规划确定的中心地区内的一块规划绿地，有关领导迁就投资方要求。市城乡规划行政主管部门曾提出过不同意见，建议另行选址但未被采纳，也未坚持。之后，投资方依据设计方案擅自开工，市城乡规划行政主管部门未予以制止。省城乡规划行政主管部门在监督检查中发现此事，立即责成市城乡规划行政主管部门依法查处。

请分析该工程为什么受到查处？省、市城乡规划行政主管部门该如何处理这件事？

解析：

受查处的原因是：

1. 该工程建设违反了该市城市总体规划。

2. 没有办理建设用地规划许可证、建设工程规划许可证，属违法建设。

应该作如下处理：

1. 市城乡规划行政主管部门须根据省城乡规划行政主管部门的意见，责令该工程立即停止建设，并限期拆除。

2. 省城乡规划行政主管部门应当责令市城乡规划行政主管部门改正，通报批评，并对直接负责的主管人员和其他直接责任人员依法给予处分。同时，省城乡规划行政主管部门应当建议省人民政府对市人民政府进行通报批评，并对直接负责的主管人员和其他直接责任人员依法给予处分。

【案例 4-3-2】

某单位建设一栋 18 层写字楼，经城乡规划行政主管部门批准，验线、验槽和核验地面标高 ±0.00 均无问题，但在中期阶段监督检查时发现该工程将原来的设备层增加了高度，至后期监督检查时又发现增加了 4 层，达 22 层。再次深入检查，又发现原来地下 2 层增加到了 3 层，将设备层改在地下。

请从规划执法监察的角度分析应该如何处理此事。

解析：这类问题的发生，一般来说，建设单位都是故意而为的，在设计基础时已与设计单位有了预谋，然后强调地质情况不好，加深了地下部分。既已挖深了，就多建了地下一层，遂将设备层移至地下室。这些都是建设单位的托词，建设单位还自作聪明，认为这么高楼谁去数多少层，以为加层问题不会被发现。

对这类建设单位除令其妥善处理由此而引起的与群众的关系外，应按有关规定对其违法行为给予行政处罚，并建议其主管部门对有关责任领导和人员给予行政处分。

【案例 4-3-3】

河南省南阳市宛城区长江路居民张娜，因房地产公司在紧邻她的房屋的地块开发房产，危及其权益，于 2013 年 12 月 10 日以邮寄方式向南阳市城乡规划局递交举报信，举报房地产公司在南阳市长江东路与经十路交汇处违规开发并对外公开销售。南阳市规划局于 2013 年 12 月 12 日收到该信件，但直到 2014 年 8 月 6 日，张娜没有得到该局任何处理答复。之后，张娜又以自己紧邻违法建筑物，房产权益受到损害为由多次到该局反映，但南阳市城乡规划局一直称"正在查处"，一推又是半年。

2015 年 2 月 20 日，张娜通过法律帮助，一纸诉状将南阳市城乡规划局告到了南阳市宛城区人民法院，请求法庭依法确认南阳市规划局构成行政不作为，并请求人民法院依法判令南阳市规划局立即履行法定职责，制止违法建房行为，拆除违法建设的建筑物。

被告南阳市城乡规划局委托了两名律师出庭。被告向法庭辩称："根据法律规定，我局对举报和控告，应依法进行核实，并未规定对举报作出答复。我局针对原告举报的内容已经进行了处理。我局将该违法建设行为上报南阳市中心城区违法建设整治工作领导小组办公室，该办公室发出督察通知，由高新区整治办整治。我局自2013年3月4日起向建房者已下达8份责令停止违法行为通知书，要求该违法建筑停止施工，完善手续。为此，我局履行了职责，请求法庭驳回原告起诉。"

请分析法院应该如何判决此案，对城乡规划行政主管部门有哪些启示？

解析：法院应该判定被告的行为属于行政不作为，未履行部门法定职责，属于违法行为，同时应判决其针对原告的请求限期作出具体行政行为。

查处违法建设是城乡规划主管部门的法定职责，在本案中，河南省南阳市城乡规划局面对市民控告开发商违法建房的事项，竟长达一年多不予处理，而被告在原告举报前向违法建设行为人下达了责令停止违法行为通知书，说明被告也发现了原告举报的违法行为，但被告在收到原告举报后再没有进行任何形式的调查处理，这属于典型的行政不作为行为。

4.2 行政复议与诉讼

4.2.1 听证

听证，也就是听取意见，是指行政机关在做出影响行政相对人合法权益的决定前，由行政机关告知决定理由和听证权利，行政相对人表达意见、提供证据以及行政机关听取意见、接纳证据的程序所构成的一种法律制度。

《中华人民共和国行政处罚法》第四十二条　行政机关作出责令停产停业、吊销许可证或者执照、较大数额罚款等行政处罚决定之前，应当告知当事人有要求举行听证的权利；当事人要求听证的，行政机关应当组织听证。当事人不承担行政机关组织听证的费用。听证依照以下程序组织（图4-5）：

（一）当事人要求听证的，应当在行政机关告知后三日内提出（图4-6）；

（二）行政机关应当在听证的七日前，通知当事人举行听证的时间、地点（图4-7）；

（三）除涉及国家秘密、商业秘密或者个人隐私外，听证公开举行（图4-8）；

（四）听证由行政机关指定的非本案调查人员主持；当事人认为主持人与本案有直接利害关系的，有权申请回避；

（五）当事人可以亲自参加听证，也可以委托一至二人代理；

（六）举行听证时，调查人员提出当事人违法的事实、证据和行政处罚建议；当事人有权进行申辩和质证；

（七）听证应当制作笔录；笔录应当交当事人审核无误后签字或者盖章。

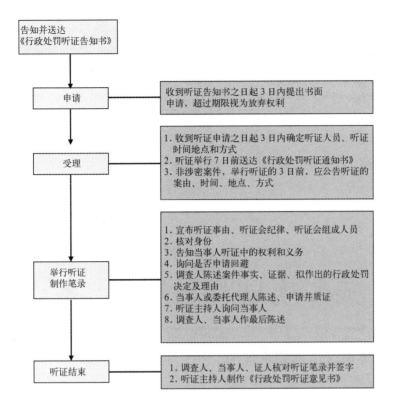

图 4-5 行政处罚听证
程序流程图

盐 城 市 规 划 局
行政处罚事先告知书

盐规告公字 [2012] 第 054 号

被 告 知 人：江苏禾嘉置业有限公司

地　　　址：盐城市开放大道 147 号

　　现查明，你公司未经城乡规划主管部门批准，未取得建设工程规划许可证，于 2012 年 8 月，擅自在盐城市亭湖区新洋经济区龙桥村六组（龙桥新园小区）建设配电房，面积为 219 平方米；建设围墙，长度为 504 米。其行为已违反了《中华人民共和国城乡规划法》第四十条之规定，属违法建设，根据《中华人民共和国城乡规划法》第六十四条之规定，经研究，本机关拟对你公司作出如下行政处罚：

　　对上述违法建设限期改正，处建设工程造价 5% 的罚款 8925 元（219×700×5% + 504×50×5%）。

　　根据《中华人民共和国行政处罚法》第三十一条、第三十二条、第四十二条之规定，你公司有权进行陈述和申辩，并有要求举行听证的权利，均可在收到本通知书之日起三日内向盐城市规划局提出（地址：市毓龙东路 36 号）。

　　逾期视为放弃上述权利。

盐城市规划局
2012 年 11 月 7 日

图 4-6　城乡规划行政
处罚事先告知书（其
中特别列出有要求
举行听证的权利）

【特别提示】

　　由中华人民共和国住房和城乡建设部颁布的《建设行政许可听证工作规定》(建法 [2004]108 号) 是建设管理领域关于全国各地区行政许可听证会的相关内容、工作原则和相关规定的执行标准。

　　听证是众多行政救济行为中的一种, 在目前实际的行政过程中, 由于其操作程序的复杂和结果的不可控, 经常被行政机关有意无意地忽略。忽略虽然简化了决策流程, 但却积累了矛盾, 从根本上不利于问题的解决。

襄樊市城事规划管理局

襄樊市城市规划管理局
行政许可听证会通知

东湖国际花园杨清、于涛等 41 户业主:

　　2004 年, 原汽车产业经济技术开发区国土资源规划局批准怡达行公司"东风国际花园"(现为旺前公司"东湖国际花园")规划方案, 其中一期 26 栋房屋已按规划实施完毕。

　　为提升城市品位, 配套城市功能设施, 市委市政府决定在"东湖国际花园"二期用地内建设五星级大酒店。旺前集团襄樊华人置业有限公司积极响应市委市政府号召, 对原"东湖国际花园"二期规划方案进行了调整。根据《中华人民共和国行政许可法》的相关规定, 我局于 2009 年 11 月 5 日向你们送达了听证权利告知书, 你们于 2009 年 11 月 10 日向我局申请听证, 我局决定举行该项目规划调整听证会, 现通知你们参加。有关事宜通知如下:

　　1、 听证会时间: 2009 年 11 月 25 日下午 2 点 30 分;

　　2、 听证会地点: 市规划局三楼会议室;

　　3、 听证会主持人: 黄秀洪 (规划局法规监管科科长);

　　4、 听证员: 杨光前 (规划局法规监管科主任科员);

　　5、 记录员: 陈肖燕 (规划局法规监管科科员);

　　6、 注意事项: 参加听证会的代表携带居民身份证或购房合同原件、听证会过程中请遵守听证纪律、服从听证主持人安排。若认为听证会主持人与本案有直接利害关系, 可要求其回避。

　　特此通知。

二〇〇九年十一月十三日

图 4-7　听证通知书

图4-8　规划方案听证会现场

【案例4-4】规划听证

因担心日照减少等问题，某小区业主委员会对某市规划局在小区西侧建设高层商业大厦的建设工程规划许可提出听证申请，被规划局正式受理。

请帮助规划局草拟一份听证通知书，并分析听证中可能出现的焦点问题。

解析：听证通知书略。

日照，即阳光权（采光权），是老百姓切身利益的一个重要方面，也是城乡规划管理中需要关注的一个重要问题。本次听证会是因为小区西侧要建高层商业大厦可能造成日照减少而举行的，听证的焦点可能会集中在西侧地块高层商业大厦规划是否合法、必要，在小区当初出售时是否一并公示告知，日照影响幅度和补偿办法等方面。

4.2.2　行政复议

4.2.2.1　行政复议的概念

行政复议是指公民、法人或者其他组织不服行政主体作出的具体行政行为，认为行政主体的具体行政行为侵犯了其合法权益，依法向法定的行政复议机关提出复议申请，行政复议机关依法对该具体行政行为进行合法性、适当性审查，并作出行政复议决定的行政行为，是公民、法人或其他组织通过行政救济途径解决行政争议的方法之一。

4.2.2.2　行政复议的范围

根据《行政复议法》第六条的规定，有关城乡规划管理行政行为，公民、法人或者其他组织可以提起行政复议的范围和情形主要有：

1.对行政机关作出的警告、罚款、没收违法所得、没收非法财物、责令停产停业、暂扣或者吊销许可证、暂扣或者吊销执照、行政拘留等行政处罚决定不服的；

2. 对行政机关作出的查封、扣押、冻结财产等行政强制措施决定不服的；

3. 对行政机关作出的有关许可证、执照、资质证、资格证等证书变更、中止、撤销的决定不服的；

4. 认为行政机关侵犯合法的经营自主权的；

5. 认为行政机关违法集资、征收财物、摊派费用或者违法要求履行其他义务的；

6. 认为符合法定条件，申请行政机关颁发许可证、执照、资质证、资格证等证书，或者申请行政机关审批、登记有关事项，行政机关没有依法办理的；

7. 申请行政机关履行保护人身权利、财产权利、受教育权利的法定职责，行政机关没有依法履行的；

8. 认为行政机关的其他具体行政行为侵犯其合法权益的。

4.2.2.3　行政复议的程序

行政复议必须按照一定程序进行。行政复议程序包括行政复议的申请、受理、审理和决定四个环节（图4-9、图4-10）。

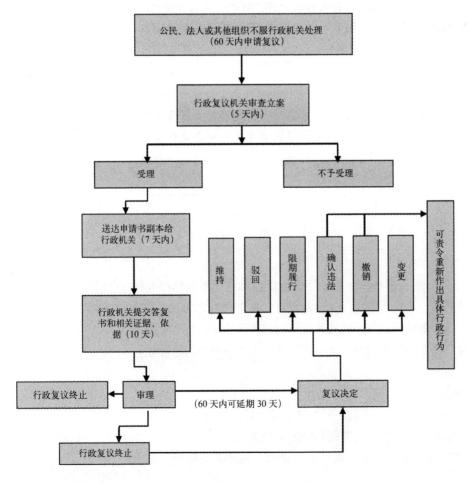

图4-9　行政复议流程

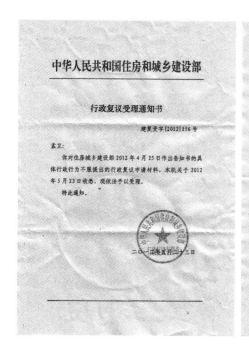

图4-10　行政复议受
理通知书和决定书

4.2.3　行政诉讼

4.2.3.1　行政诉讼的概念

行政诉讼是法院应公民、法人或者其他组织的请求，通过审查行政行为合法性的方式，解决特定范围内行政争议的活动，是我国国家诉讼制度的基本形式之一，也是一种行政救济途径。

4.2.3.2　行政诉讼的受案范围

根据《中华人民共和国行政诉讼法》（以下简称《行政诉讼法》）第二章的规定，有关城乡规划管理行政行为，公民、法人或者其他组织可能引起行政诉讼的情形主要有：

1. 对拘留、罚款、吊销许可证和执照、责令停产停业、没收财物等行政处罚不服的；

2. 对财产的查封、扣押、冻结等行政强制措施不服的；

3. 认为符合法定条件申请行政机关颁发许可证和执照，行政机关拒绝颁发或者不予答复的；

4. 申请行政机关履行保护人身权、财产权的法定职责，行政机关拒绝履行或者不予答复的；

5. 认为行政机关违法要求履行义务的；

6. 认为行政机关侵犯其他人身权、财产权的。

4.2.3.3　行政诉讼的程序

行政诉讼程序分为起诉与受理、一审、二审、审判监督四个环节（图4-11）。

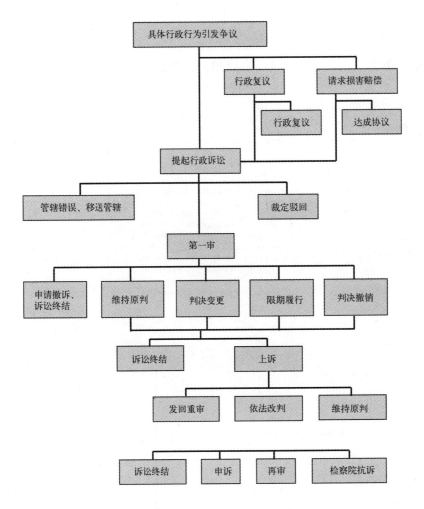

图 4-11 行政诉讼流程

4.2.3.4 执行和侵权赔偿

《行政诉讼法》规定,当事人必须履行人民法院发生法律效力的判决、裁定。公民、法人或者其他组织拒绝履行判决、裁定的,行政机关可以向第一审人民法院申请强制执行,或者依法强制执行。行政机关拒绝履行判决、裁定的,第一审人民法院可以采取通知银行划拨还款、罚款、提出司法建议、追究刑事责任等措施。公民、法人或者其他组织的合法权益受到行政机关或者行政机关工作人员作出的具体行政行为侵犯造成损害的,有权请求赔偿,赔偿费用从各级财政列支。

【思考题】

1. 简述规划行政处罚一般程序与听证程序。

2. 城乡规划实施监督检查主要内容有哪些?

3. 建设工程规划验收核实确认的程序与方法是什么?

4. 规划行政处罚有哪几类,处罚后续工作分别有哪些?

5. 违法建设的根源在哪里,杜绝违法行为有哪些手段?

5

模块 5　乡村规划管理

教学要求

通过本模块学习，掌握乡村规划组织编制和审批的主体、乡村规划的审批程序，了解乡村建设项目和村民住宅规划许可内容。

教学目标

能力目标	知识要点	权重	自测分数
了解乡村规划编制和审批主体	编制与审批		
了解乡村规划的依据与原则	乡村规划原则		
掌握乡村规划的审批程序	审批程序		
熟悉乡村建设项目规划许可	许可内容与要求		
熟悉乡村村民住宅规划许可	许可内容与要求		

【章节导读】

　　相对于城镇规划，当前的乡村规划管理较为薄弱，现有的一些规划未能体现农村特点和农民意愿，难以满足农民生产和生活需要，农村无序建设和浪费土地现象比较严重，农村特色发展之路任重道远。

　　2007年，《城乡规划法》的出台，旨在加强城乡规划管理，协调城乡空间布局，改善人居环境，促进城乡经济社会全面协调可持续发展（图5-1）。在促进城乡一体化发展中，随着城乡统筹工作不断推进，城乡规划管理的精细化要求全面规范乡村规划建设行为，乡村规划管理将逐步得到加强。那么乡村规划管理管什么？怎么管？

图5-1　乡村现状

【知识点滴】

　　让乡村"回家"——重建可持续发展的乡村之路

　　1. 乡村问题现象
　　之一：村落形态——住区化
　　　　　建筑风格——低俗化
　　　　　建筑材料——工业化
　　　　　建造工艺——标准化
　　　　　现代的乡村，
　　　　　离城市越来越近，
　　　　　离"家"却越来越远……
　　之二：区位不佳、资源不够、发展无策、领导无力。
　　　　　农业荒芜、农村空心、农民离乡。

2. 乡村拥有什么?

有情——宗族亲缘、朝夕相处、互助协作、风俗习惯;

有景——山环水绕、田园相拥、人畜和谐、天人合一;

有味——绿色食材、传统烹饪、粗茶淡饭、乡野美食;

有韵——街巷空间、地域建筑、故事传说、非遗经典;

有律——尊老爱幼、文明守礼、和谐有序、宗族村规。

3. 村民们在想什么?

(1) 怎么增加收入——种田、打工还是创业?

(2) 外部世界的体验、身份的认同感和尊重感。

(3) 稳定的收入、教育、医疗和文化设施。

(4) 怎么改善条件——建房、买房还是买车?

(5) 怎么照顾家庭——进城、留守还是分居?

(6) 怎么改造村庄——旅游、工业还是农业?

……

4. 乡村怎么改变?

(1) 发展思路要转变

思想上:由被动变主动,由依赖变创造。

目标上:由资金变项目,由项目变人才。

行动上:由建设变发展,由形象变动力。

(2) 工作重点要转变

由注重村庄向村庄与村域并重转变。

由注重形象向形象与内涵并重转变。

由注重实施向实施与发展并重转变。

由注重经济向经济与环境并重转变。

(3) 管理方式要转变

从提出要求转变为提供帮助。

从关心个体转变为关注整体。

从关注形象转变为关注发展。

5. 乡村改变怎么落实?

在促进城乡一体化发展中,要注意保留村庄原始风貌,慎砍树、不填湖、少拆房,尽可能在原有村庄形态上改善居民生活条件。

(1) 乡村规划目标——让农民增收、让农业增产、让农村增美……破解三农问题、寻找城乡一体化和新型城镇化的路径;

(2) 以"需求"为导向的乡村建设目标与理念;

(3) 加强对村庄未来可持续发展的综合研究,改变传统乡村规划侧重于乡村的建设、整治和实施需要持续投入的浅层次规划。

5.1 乡村规划编制和审批

5.1.1 乡村规划编制与审批主体

《城乡规划法》第二十二条 乡、镇人民政府组织编制乡规划、村庄规划，报上一级人民政府审批。村庄规划在报送审批前，应当经村民会议或者村民代表会议讨论同意。

> **【特别提示】**
> 1.镇（乡）人民政府是乡村规划编制的法定主体，由于基层政府财政状况紧张，乡村规划设计经费难以满足规划编制开展的需求，省市县（区）财政年度结合一批省市县（区）级村庄，予以规划设计费用补助；
> 2.镇（乡）上一级人民政府是乡村规划审批法定主体，由于村庄数量较大，为便于日常管理，地方法规会明确委托规划主管部门审批。

5.1.2 乡村规划编制的导控

全国农村地域广阔，风俗习惯、现实基础、发展阶段、各自诉求差异较大。现阶段，我国各地对乡村规划编制的管理实施分层导控。

1.国家层面，《城乡规划法》确定的乡村规划原则

第十八条 乡规划、村庄规划应当从农村实际出发，尊重村民意愿，体现地方和农村特色。

乡规划、村庄规划的内容应当包括：规划区范围，住宅、道路、供水、排水、供电、垃圾收集、畜禽养殖场所等农村生产、生活服务设施、公益事业等各项建设的用地布局、建设要求，以及对耕地等自然资源和历史文化遗产保护、防灾减灾等的具体安排。乡规划还应当包括本行政区域内的村庄发展布局。

位于镇总体规划确定的镇建设用地范围内的村庄，不编制村庄规划。

2.省、自治区层面，乡村规划编制导则

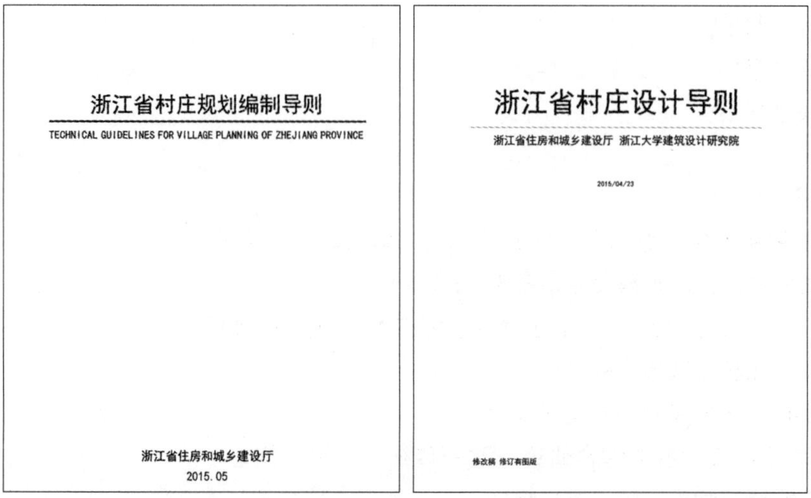

图5-2 浙江省村庄规划编制导则、浙江省村庄设计导则

浙江省村庄规划编制导则遵循"完善体系、突出重点，增强实用、分类指导，简洁易行、便于操作"的指导思想，完善村庄规划编制体系，重点把握村庄规划的基础性内容；增强村庄规划的实用性，针对不同特点的村庄编制相应内容和深度的规划（图5-2）；村庄规划编制体系包括镇（乡）域村庄布点规划、村庄规划、村庄设计、村居设计四个部分（图5-3）。

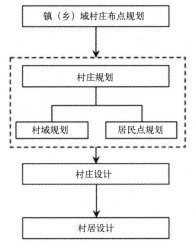

图5-3 浙江省乡村规划设计编制体系图

3.各地市层面，乡村规划编制管理规定

温州市把握村庄规划四条原则。一要有操作性。村庄规划要立足乡村发展，因地制宜，结合当地自然条件、经济社会发展水平、产业特点等实际情况，充分尊重老百姓意愿，科学布置各项建设，切实解决农村的具体问题。二要富有弹性。结合村庄的近远期目标，预留发展空间，允许更多的发展可能性。建立村庄规划的动态修编机制，使村庄规划具有更大的适应性。三要突出特色。充分挖掘村庄的自然、人文景观和风貌资源，塑造具有乡土特色的村庄风貌，让村民看得见山、望得见水、记得住乡愁。四要简明易懂。村庄规划编制成果要让村民能看得懂图纸，记得住规划。

按照"先规划、后许可、再建设"的要求，因地制宜，分类指导。村庄规划要按不同地域、特色、历史文化保护要求分类编制，不搞一刀切。要认真全面地对已编的村庄规划进行评估，根据评估结果，对于符合当前形势要求的村庄规划继续使用，需要进行局部调整的进行村庄规划修改，确实不能用的重新编制村庄规划。有条件的地方要积极开展村庄土地利用规划与村庄规划"两规合一"试点，逐步实现村庄建设的"一张图"管理。

村庄规划成果可简化为"五图一书"。"五图"是指村庄用地现状图、村庄用地规划图（包括村庄布局和配套公共设施规划）、村庄基础设施规划图（包括道路网）、村庄生态环境整治规划图（包括近期规划）、村庄景观风貌规划图。"一书"是指规划说明书。

中心村、美丽宜居示范村、历史文化名村、传统村落等重要村庄和建设项目较多的村庄要在编制（修改）村庄规划的同时开展村庄设计（图5-4）。

加强历史文化名村和传统村落保护。要注重保护村庄完整的传统风貌格局、历史环境要素、自然景观等，引导村民慎砍树、禁挖山、不占河湖水域、不拆有保护价值的房屋。历史文化名村的保护利用，应当以抢救保护濒危古建筑、保护古树名木、提高防灾能力等为重点。

图 5-4 乡村规划

5.1.3 乡村规划的审批程序

乡村规划审批包括前置程序、上报程序、批准程序和公布程序。

1. 前置程序

镇（乡）域村庄布点规划和乡规划，上报审批前须经镇（乡）人民代表大会审议，代表的审议意见交由镇（乡）人民政府研究处理；村庄规划在报送审批前，应当经村民会议或者村民代表会议讨论同意。

2. 上报程序

乡村规划由镇（乡）人民政府报县（区）人民政府或受县（区）人民政府委托的规划主管部门批准。

3. 批准程序

县（区）人民政府或受县（区）人民政府委托的规划主管部门对上报的乡村规划组织专家和有关部门审查，并将乡村规划草案予以公告，收集公众的意见。公告的时间不得少于三十日，组织编制机关应当充分考虑专家和公众意见，并在报送审批的材料中附具意见采纳情况及理由。同意后予以书面批准。

4. 公布程序

乡村规划经批准后，由镇（乡）人民政府在政务网站和村庄现场公布。

根据社会经济发展需要，经镇（乡）人民代表大会或者村民会议同意，镇（乡）人民政府可以对乡村规划进行局部调整，并报原批准机关备案。涉及乡村性质、规模、发展方向和总体布局重大变更的，应按规定的审批程序办理。

乡村规划一般审批程序如图 5-5 所示。

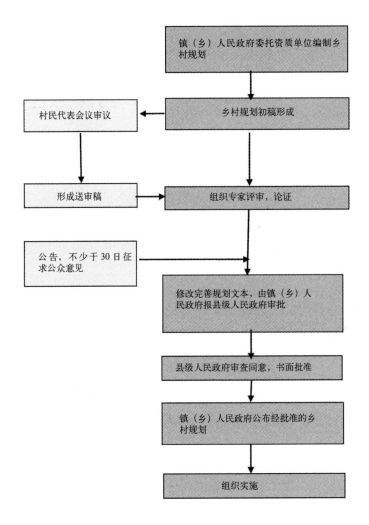

图 5-5　乡村规划一般审批程序图

5.2　乡村规划管理

《城乡规划法》第四十一条　在乡、村庄规划区内进行乡镇企业、乡村公共设施和公益事业建设的，建设单位或者个人应当向乡、镇人民政府提出申请，由乡、镇人民政府报城市、县人民政府城乡规划主管部门核发乡村建设规划许可证。

在乡、村庄规划区内使用原有宅基地进行农村村民住宅建设的规划管理办法，由省、自治区、直辖市制定。

在乡、村庄规划区内进行乡镇企业、乡村公共设施和公益事业建设以及农村村民住宅建设，不得占用农用地；确需占用农用地的，应当依照《中华人民共和国土地管理法》有关规定办理农用地转用审批手续后，由城市、县人民政府城乡规划主管部门核发乡村建设规划许可证。

建设单位或者个人在取得乡村建设规划许可证后，方可办理用地审批手续（图5-6）。

乡村规划管理有别于城镇，强调规划服务与技术帮扶，其主要任务为：

1. 有效控制乡村规划区内各项建设遵循先规划后建设的原则进行，切实改善农村人居环境，突出农村特色，留住乡愁乡情，形成具有特色的乡村风貌，构建城乡发展一体化格局。

2. 切实保护农用地、节约土地，满足现代农业生产、农民生活、乡村生态功能需求。

3. 合理安排乡镇企业、乡村公共设施和公益事业建设，提升农村发展建设水平。

4. 结合实际，因地制宜地引导农民增收、农业增产、农村增美。

中华人民共和国

乡村建设规划许可证

乡字第　　　号

根据《中华人民共和国城乡规划法》第四十一条规定，经审核，本建设工程符合城乡规划要求，颁发此证。

发证机关
日　　期

建设单位（个人）	
建设项目名称	
建设位置	
建设规模	
附图及附件名称	

遵守事项：

一、本证是经城乡规划主管部门依法审核，在集体土地上有关建设工程符合城乡规划要求的法律凭证。

二、依法应当取得本证，但未取得本证或违反本证规定的，均属违法行为。

三、未经发证机关许可，本证的各项规定不得随便变更。

四、城乡规划主管部门依法有权查验本证，建设单位（个人）有责任提交查验。

五、本证所需附图与附件由发证机关依法确定，与本证具有同等法律效力。

图5-6 《乡村建设规划许可证》样本

5.2.1 乡村建设项目规划许可的内容

依据有关法律法规、乡村规划以及技术规范对以下两类建设项目进行规划审查，核发乡村建设规划许可证，并对批后实施进行监察检查。

1. 乡镇企业、乡村公共设施和公益事业建设项目。

2. 农村村民住宅建设项目，分两种情况：原有宅基地上建房和需占用农用地建房。

5.2.2 乡镇企业、乡村公共设施和公益事业建设项目规划许可

5.2.2.1 乡镇企业、乡村公共设施和公益事业建设项目规划许可的程序

进行乡镇企业、乡村公共设施和公益事业建设的，《乡村建设规划许可证》应当按下列规定核发：

1. 申请人持以下材料向所在地镇、乡人民政府提出申请：

(1)《乡村建设规划许可证申请表》；

(2) 项目批准（核准、备案）文件；

(3) 占用农用地的，提供农用地转用审批文件；

(4) 法律法规规定的其他材料。

2. 镇、乡人民政府自受理之日起在规定工作日内提出初审意见，报规划主管部门审查。

3. 规划主管部门自收到初审意见后，按以下程序办理并在规定工作日内作出审查决定：

(1) 规划行政主管部门按照乡、村庄规划的要求和项目的性质，核定用地规模，确定用地项目的具体位置和界限；

(2) 根据需要会同相关部门组织实地踏勘，涉及他人利益的，应征求利害关系人对用地位置和界限的具体意见；

(3) 规划行政主管部门根据乡、村庄规划的要求向建设单位和个人提供规划设计条件，明确建设用地位置、允许建设的范围、基础标高、建筑高度等规划要求；

(4) 审查建设工程规划设计方案；

(5) 符合条件的，核发《乡村建设规划许可证》；不符合条件的，书面告知申请人并说明理由。

5.2.2.2 乡镇企业、乡村公共设施和公益事业建设项目规划许可需提交的申请材料

1. 乡村建设规划许可证（乡镇企业、乡村公共设施和公益性事业建设）申报表；

2. 项目批准（核准、备案）文件；

3. 1：500 或 1：1000 地形图；

4. 建设工程设计施工图 3 份；

5. 环保、消防等部门审核意见；

6. 建设用地相关证明，占用农用地建设的需提供农用地转用审批文件；

7. 申报单位（人）委托代理的，提交授权委托书及被委托人身份证复印件，同时交验原件；

8. 法律、法规、规章规定的其他材料。

5.2.3 乡村村民住宅规划许可

5.2.3.1 乡村村民住宅规划许可的程序

进行农村村民住宅建设，《乡村建设规划许可证》按照下列规定核发：

1. 申请人持以下材料向所在地镇、乡人民政府提出申请：

（1）申请人户口原件和村民委员会同意建造住宅的书面意见；

（2）占用农用地的，农用地转用审批文件（在原有宅基地上建房的可不用提供）；

（3）申请建造住宅的面积、层数、高度、结构形式以及四至范围等文字说明或地形图；

（4）法律法规规定的其他材料。

2. 镇、乡人民政府自受理申请之日起在规定的工作日内提出初审意见报规划主管部门审查。

3. 规划主管部门自收到初审意见后，按以下程序办理并在规定的工作日内作出审查决定：

（1）依据村庄规划以及技术规范，对申请材料进行审查、核实；

（2）根据需要实地踏勘，涉及他人利益的，应征求利害关系人意见；

（3）规划行政主管部门根据乡、村庄规划的要求，向建房人提出设计要求，明确建设用地位置、允许建设的范围、基础标高、建筑高度等规划要求；

（4）审查建造住宅规划总平面图，二层以上住宅要求提供民宅标准套图或设计方案图；

（5）符合要求的，核发《乡村建设规划许可证》；不符合要求的，书面告知申请人并说明理由。

5.2.3.2 乡村村民住宅规划许可需提交的申请材料

1. 乡村建设规划许可证（村民住宅建设项目）申报表；

2. 1：500 或 1：1000 地形图；

3. 民房标准套图或设计方案图；

4. 建设用地相关证明，占用农用地建设的需提供农用地转用审批文件；

5. 建设项目对四邻有影响的，需提供四邻签字认可意见；

6. 申报人委托代理的，提交授权委托书及被委托人身份证复印件，同时交验原件；

7. 法律、法规、规章规定的其他材料。

取得乡村建设规划许可证后一年内未取得施工许可证的，可以在期限届满前三十日内向原核发机关申请办理延续手续，申请延续的次数不得超过两次，每次延续的期限不得超过一年，逾期未申请延续或者延续申请未获批准的，乡村建设规划许可证失效。

建设项目批准、核准文件被依法撤销、撤回、吊销，或者土地使用权被依法收回的，规划许可机关核发的乡村建设规划许可证失效。

【特别提示】

1. 在乡、村庄规划区内使用国有土地进行工程建设的，应当按照城市、镇规划区内国有土地上工程建设规划许可的程序，依据乡、村庄规划或者专项规划办理规划许可手续。

2. 城市、县人民政府城乡规划主管部门可以委托乡（镇）人民政府核发本条规定的乡村建设规划许可证。

3. 村庄实施整体村庄整治或村庄一条街改造的，乡村建设规划许可证按照乡村公共设施或公益性事业建设项目的规定核发。

【思考题】

1. 乡村规划编制体系如何？为什么？

2. 位于镇总体规划确定的镇建设用地范围内的村庄是否要编制村庄规划？如何理解？

3. 乡村规划编制遵循哪些原则？

4. 乡村规划管理有什么特点？

5. 乡村建设项目规划许可与土地批准的关系如何？

模块6　拓展专项

教学要求

　　了解市政工程规划许可的内容、程序和操作要求；了解阳光规划的内涵和阳光规划的实施内容，以及如何完善城乡规划公众参与制度。

教学目标

能力目标	知识要点	权重	自测分数
熟悉市政工程规划 许可的程序和操作要求	市政工程规划许可 特点、内容与程序		
了解阳光规划	阳光规划内涵及实施内容		

人居环境的形成与发展，必须有相应的基础设施与之相配套、相适应，从而产生一定的辐射能力和聚焦效应。城乡基础设施及其配套设施是社会生产力的吸附剂和催化剂，是产生放大效应的决定性因素，其完备程度和运转状况常成为一个地方经济发展水平和文明程度的标志。古今中外，特别是现代社会，基础设施备受国家和政府的重视。

现阶段，我国城镇化进入外延式扩张与内涵式发展并举的新型城镇化时期，功能性城镇化进程中，改造提升市政道桥、综合防灾等基础设施配套水平已成为政府新时期城镇化工作的重点，规划主管部门要做好准备，积极服务（图6-1）。

图 6-1　规划总平面图

公共参与机制是城市化先进国家和地区规划工作的有效做法，包含规划的公众参与、审批的公开和处罚的公开，贯穿于城市规划的编制、审批、实施管理和监督检查管理的全过程。作为城乡空间环境的一项公共政策，公共参与是一种趋势，我国城乡规划公众参与制度有待健全。

《中共中央　国务院关于进一步加强城市规划建设管理工作的若干意见》（2016年2月6日）：

建设地下综合管廊。认真总结推广试点城市经验，逐步推开城市地下综合管廊建设，统筹各类管线敷设，综合利用地下空间资源，提高城市综合承载能力。城市新区、各类园区、成片开发区域新建道路必须同步建设地下综合管廊，老城区要结合地铁建设、河道治理、道路整治、旧城更新、棚户区改造等，逐步推进地下综合管廊建设。加快制定地下综合管廊建设标准和技术导则。凡建有地下综合管廊的区域，各类管线必须全部入廊，管廊以外区域不得新建管线。管廊实行有偿使用，建立合理的收费机制。鼓励社会资本投资和运营地下综合管廊。各城市要综合考虑城市发展远景，按照先规划、后建设的原则，编制地下综合管廊建设专项规划，在年度建设计划中优先安排，并预留和控制地下空间。完善管理制度，确保管廊正常运行。

推进海绵城市建设。充分利用自然山体、河湖湿地、耕地、林地、草地等生态空间，建设海绵城市，提升水源涵养能力，缓解雨洪内涝压力，促进水资源循环利用。鼓励单位、社区和居民家庭安装雨水收集装置。大幅度减少城市硬覆盖地面，推广透水建材铺装，大力建设雨水花园、储水池塘、湿地公园、下沉式绿地等雨水滞留设施，让雨水自然积存、自然渗透、自然净化，不断提高城市雨水就地蓄积、渗透比例。

优化街区路网结构。加强街区的规划和建设，分梯级明确新建街区面积，推动发展开放便捷、尺度适宜、配套完善、邻里和谐的生活街区。新建住宅要推广街区制，原则上不再建设封闭住宅小区。已建成的住宅小区和单位大院要逐步打开，实现内部道路公共化，解决交通路网布局问题，促进土地节约利用。树立"窄马路、密路网"的城市道路布局理念，建设快速路、主次干路和支路级配合理的道路网系统。打通各类"断头路"，形成完整路网，提高道路通达性。科学、规范设置道路交通安全设施和交通管理设施，提高道路安全性。到 2020 年，城市建成区平均路网密度提高到 8km/km²，道路面积率达到 15%。积极采用单行道路方式组织交通。加强自行车道和步行道系统建设，倡导绿色出行。合理配置停车设施，鼓励社会参与，放宽市场准入，逐步缓解停车难问题。

切实保障城市安全。加强市政基础设施建设，实施地下管网改造工程。提高城市排涝系统建设标准，加快实施改造。提高城市综合防灾和安全设施建设配置标准，加大建设投入力度，加强设施运行管理。建立城市备用饮用水水源地，确保饮水安全。健全城市抗震、防洪、排涝、消防、交通、应对地质灾害应急指挥体系，完善城市生命通道系统，加强城市防灾避难场所建设，增强抵御自然灾害、处置突发事件和危机管理能力。

恢复城市自然生态。制定并实施生态修复工作方案，有计划有步骤地修复被破坏的山体、河流、湿地、植被，积极推进采矿废弃地修复和再利用，治理污染土地，恢复城市自然生态。优化城市绿地布局，构建绿道系统，实现城市内外绿地连接贯通，将生态要素引入市区，建设森林城市，推行生态绿化方式，保护古树名木资源，广植当地树种，减少人工干预，让乔灌草合理搭配、自然生长。鼓励发展屋顶绿化、立体绿化。进一步提高城市人均公园绿地面积和城市建成区绿地率，改变城市建设中过分追求高强度开发、高密度建设、大面积硬化的状况，让城市更自然、更生态、更有特色。

推进污水大气治理。强化城市污水治理，加快城市污水处理设施建设与改造，全面加强配套管网建设，提高城市污水收集处理能力。整治城市黑臭水体，强化城中村、老旧城区和城乡结合部污水截流、收集，抓紧治理城区污水横流、河湖水系污染严重的现象。加大城市工业源、面源、移动源污染综合治理力度，着力减少多污染物排放。

加强垃圾综合治理。树立垃圾是重要资源和矿产的观念，建立政府、社区、企业和居民协调机制，通过分类投放收集、综合循环利用，促进垃圾减量化、资源化、无害化。推进垃圾收运处理企业化、市场化，促进垃圾清运体系与再生资源回收体系对接。

6.1 市政工程规划管理

《城乡规划法》第四十条 在城市、镇规划区内进行建筑物、构筑物、道路、管线和其他工程建设的，建设单位或者个人应当向城市、县人民政府城乡规划主管部门或者省、自治区、直辖市人民政府确定的镇人民政府申请办理建设工程规划许可证。

申请办理建设工程规划许可证，应当提交使用土地的有关证明文件、建设工程设计方案等材料。需要建设单位编制修建性详细规划的建设项目，还应当提交修建性详细规划。对符合控制性详细规划和规划条件的，由城市、县人民政府城乡规划主管部门或者省、自治区、直辖市人民政府确定的镇人民政府核发建设工程规划许可证。

城市、县人民政府城乡规划主管部门或者省、自治区、直辖市人民政府确定的镇人民政府应当依法将经审定的修建性详细规划、建设工程设计方案的总平面图予以公布。

市政工程包括各类市政管线工程和道路交通工程。

市政管线工程主要包括电力电缆、给水管、燃气管、雨水管、污水管和其他特殊管线。

道路交通工程主要包括地面道路交通工程、高架道路交通工程和地下道路交通工程。

市政工程规划管理类似于建筑工程，但有其自身的特点：

1. 公共性

市政道桥工程的服务对象是广大市民，属于社会公共服务设施。一般道桥工程由政府投资建设，而市政工程的投资已趋向多元化，不管是政府投资还是市场主体投资，其社会公益性并不会改变。

2. 系统性

在城乡市政工程系统中，通常包括的子系统有给水排水系统、动力系统、能源系统、信息传输系统、环境卫生系统和城市综合防灾系统等。前四个系统可称为城市的支撑系统，后两个系统可称为城市的保障系统。

3. 整体性

城乡市政工程是整个城乡共有的，面向整个城乡，直接为整个城乡的生产、生活和城市发展服务的。

4. 基础性和先行性

城乡市政工程的基础性不仅体现在城市的形成阶段，在发展壮大阶段更需要市政工程设施作为基础予以支撑。只有供水、排水、电力、供气、道路等设施的竣工并投入使用，即通常所说的"五通一平"的完成，才能涉及建筑物的施工与交付使用。

5. 独立性和统一性

每个子系统都是整个系统的组分之一，但它们各自本身又是由各个要素组成的一个独立的体系，必须按照各自的组成、特点、规划和要求进行规划布置，以完成各自承担的独特市政功能。各个子系统之间又要求相互协调配合。

6. 服从和服务双重性

市政工程规划必须服从和服务于城乡规划，市政工程是城乡环境的有机组成部分，其规划必须服从和服务于城乡规划，必须与规划的目标、规模、年限相一致，与规划的功能、职能相协调，为规划区的功能服务。

6.1.1　市政工程规划管理内容

规划主管部门市政工程规划职能是：负责城乡市政基础设施规划审批工作；负责人防、防洪、城区河道、环卫设施等工程项目规划审批工作；参与各类城市规划的制订、修编和审查工作；综合协调各专业工程管线规划；审查市政、市容工程施工图设计文件，核发《建设工程规划许可证》，并参与竣工规划验收；协助收集相关技术资料归档。

在日常的规划审批工作中，主要是道路工程、桥梁工程、各种工程管线、游园绿地、环卫设施、地下空间等市政基础设施工程的规划审批。

6.1.2　市政工程规划审批程序

市政工程项目首先也是建设工程项目，其规划审批程序也必须符合建设项目的规划审批程序，但是由于市政工程项目又有其自身的一些特点，在规划审批上存在着与其他建设项目不同的地方。

6.1.2.1　道路工程规划管理

日常工作是办理道路工程的建设项目选址意见书、建设用地规划许可证、建设工程规划许可证（即一书两证）。由于城市道路工程在城市总体规划、综合交通体系规划、道路系统规划及相关的路网加密规划、交叉口规划等各规划中已经确定了道路等级、道路的红线坐标、交叉口形式、道路断面形式等内容，不存在规划选址定位的问题，道路工程的规划审批程序相应简化。

具体的办理程序：

1. 由建设主管部门下达道路建设任务书后，业主单位组织编制项目建议书并报相关部门批复。

2. 根据已批准的道路工程项目，确定道路工程用地范围，由道路业主单位提出申请，办理建设项目选址意见书和建设用地规划许可证。

3. 道路业主单位向土地主管部门提出用地申请，办理土地使用手续。

4. 道路业主单位完成施工图设计后，向规划主管部门提出申请，办理建设工程规划许可证（副证），副证办理后，进行规划放线，开始施工。

5. 道路工程施工完毕验收后，道路业主单位向规划主管部门提出申请，办理建设工程规划许可证（正证）。

6.1.2.2 管线工程（给水、雨水、污水、燃气、通信、热力、电力等）规划管理

管线工程规划管理的内容是控制管线工程的平面布置、水平及竖向间距、处理好与相关道路、建筑物、树木等关系及综合相关管理部门的意见等工作。

市政工程管线敷设有两种情况，一是敷设在城市道路、公路等公共用地上，二是敷设在非公共用地上，这两种情况在规划审批程序上有所不同。

1. 敷设在公共用地上的市政工程管线

由于道路、公路等这些公共用地，一般在修建时，已经由业主单位办理了用地手续（建设项目选址意见书、建设用地规划许可证），所以这种情况下，市政管线工程只需要办理建设工程规划许可证，具体的办理程序是：

（1）管线单位委托设计单位做出管线工程规划方案，业主单位组织编制项目建议书并报相关部门批复。

（2）管线单位委托设计单位完成施工图设计后，向规划主管部门提出申请，办理建设工程规划许可证（副证），副证办理后，进行规划放线，开始施工。

（3）工程施工完毕验收后，管线单位向规划主管部门提出申请，办理建设工程规划许可证（正证）。

2. 敷设在非公共用地上的市政工程管线

如果是在非公共用地上敷设市政工程管线，就存在征地的问题，比如电力高压走廊，长距离的输水、输气管线等。这种情况下，就需要办理建设项目选址意见书、建设用地规划许可证、建设工程规划许可证（也就是一书两证）。办理的程序和道路工程基本一样，只是管线工程的规划方案由管线单位委托设计单位进行设计，然后业主单位组织编制项目建议书并报相关部门批复。

6.1.2.3 桥梁工程规划管理

桥梁工程与道路工程有相似的地方，桥梁工程规划在城市总体规划、道路系统规划、内河水系规划等相关规划中已经确定了桥梁的控制红线坐标、与道路交叉的形式、与桥梁相接道路的断面形式等内容，桥梁工程也不存在规划选址定位的问题，但是桥梁的造型、景观、防洪问题是重点要考虑的，而且桥梁工程的用地都是城乡的河道用地，不属于建设用地，不能办理建设项目选址意见书、建设用地规划许可证，只需要办理建设工程规划许可证，具体的办理程序为：

1. 业主单位委托设计单位做出桥梁工程规划方案，业主单位组织编制项目建议书并报相关部门批复，重大桥梁工程还要进行方案招投标。

2. 业主单位委托设计单位完成施工图设计后，向规划主管部门提出申请，办理建设工程规划许可证（副证），副证办理后，进行规划放线，开始施工。

3. 工程施工完毕验收后，业主单位向规划主管部门提出申请，办理建设工程规划许可证（正证）。

需要强调一点，桥梁工程对城市的影响比较大，所以在桥梁工程规划审批中，必须要求有防洪影响评价、安全影响评价、环境影响评价，特别是防洪影响评价，必须有水利部门的相关意见。

6.1.2.4 其他市政工程规划管理

除了以上所说的三项在规划审批程序的办理上，因为各自的特点有些不同，其他的市政工程，如公厕、中转站、变电站、水厂、污水厂、基站、调压站、客运站等，属于划拨用地的按照划拨用地的程序进行办理，属于出让土地的按照出让土地的程序进行办理，具体的程序如图6-2、图6-3所示。

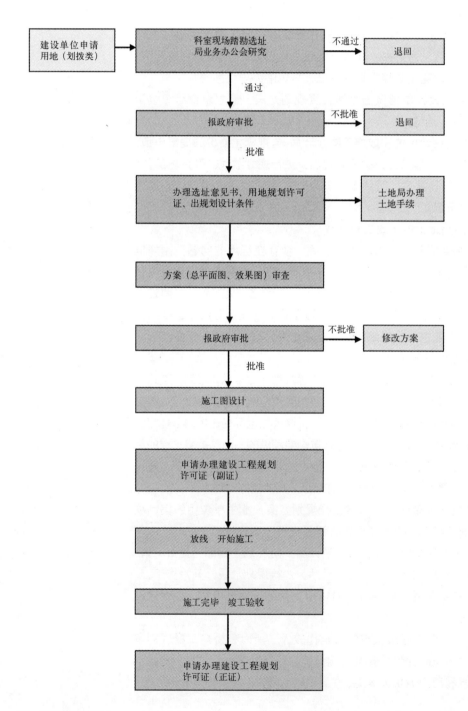

图 6-2 划拨土地的市政工程规划许可程序图

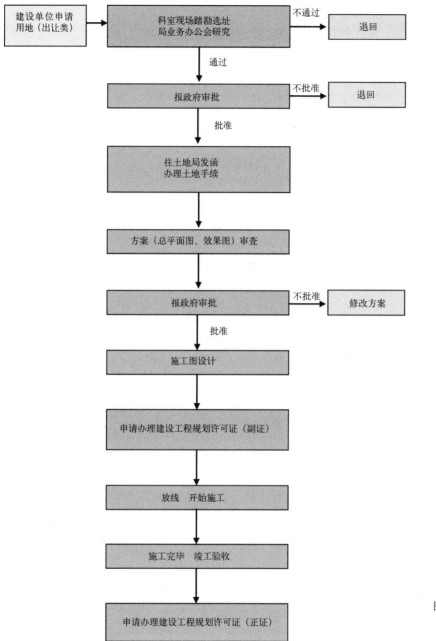

图 6-3　出让土地的市政工程规划许可程序图

6.1.3　办理规划手续所需要的资料

6.1.3.1　申请规划设计条件需要的文件资料

1.建设单位申请报告（加盖单位公章）

2.《规划设计条件》申请表

3.建设单位经办人身份证明和委托授权书及联系方式

4.建设项目批准、核准文件（按国家投资管理规定的）

5. 有关土地权属证明（扩大用地的）

6. 申报项目涉及环保、水利等，相关主管部门的批准文件

7. 已有选址意向的提供 1：500 或 1：1000 数字化地形图及光盘

8. 其他必要材料及图文等

6.1.3.2　申请选址意见书需要的文件资料

1. 建设单位申请报告（加盖单位公章）

2.《建设项目选址意见书》申请表

3. 建设项目批准、核准文件（按国家投资管理规定的）

4. 建设单位经办人身份证明和委托授权书及联系方式

5. 1：500 或 1：1000 数字化地形图及光盘

6. 申报项目涉及环保、水利等，相关主管部门的批准文件

7. 有关土地权属证明（扩大用地的）

8. 其他必要材料及图文等

6.1.3.3　申请用地规划许可证需要的文件资料

1. 建设单位申请报告（加盖单位公章）

2.《建设用地规划许可证》申请表

3. 建设单位经办人身份证明和委托授权书及联系方式

4.《建设项目选址意见书》及附件、附图

5. 批准的《规划设计条件》及附件、附图

6. 有关土地权属证明（扩大用地的）或国有土地使用权划拨合同或国有土地使用权出让合同

7. 1：500 或 1：1000 数字化地形图及光盘

8. 环保、安全、消防、水利等相关主管部门的批准文件

9. 其他必要材料及图文等

6.1.3.4　市政工程设计方案审查需要的文件资料

1. 道桥、管线工程

(1) 建设单位申请报告（加盖单位公章）

(2)《市政工程设计方案》申请表

(3) 建设单位经办人身份证明和委托授权书及联系方式

(4) 市政工程设计方案（包括电子件）

(5) 其他必要材料及图文等

2. 其他市政工程

(1) 建设单位申请报告（加盖单位公章）

(2)《市政工程设计方案》申请表

(3) 建设单位经办人身份证明和委托授权书及联系方式

(4) 批准的《规划设计条件》及建设工程总平面图

(5)《建设用地规划许可证》及附件、附图

(6) 市政工程设计方案（包括电子件）

(7) 其他必要材料及图文等

6.1.3.5 《建设工程规划许可证（副证）》需要的文件资料

1. 建设单位申请报告（加盖单位公章）

2. 《建设工程规划许可证》申请表

3. 建设单位经办人身份证明和委托授权书及联系方式

4. 《建设用地规划许可证》及附件、附图

5. 《市政工程设计方案》批复及批准的道桥或管线工程设计方案

6. 道桥或管线工程施工图

7. 相关主管部门审查意见

8. 其他必要材料及图文等

6.1.3.6 建筑工程竣工规划验收（市政类）需要的文件资料

1. 建设单位申请报告（加盖单位公章）

2. 建设单位经办人身份证明和委托授权书及联系方式

3. 《建设工程竣工规划验收》申请表

4. 《建设工程规划许可证》（副本）

5. 1：500 建设工程竣工规划验收测量图

6. 监察支队跟踪监督报告

7. 其他必要材料及图文等

一般市政工程建设规划许可的程序如图 6-4 所示。

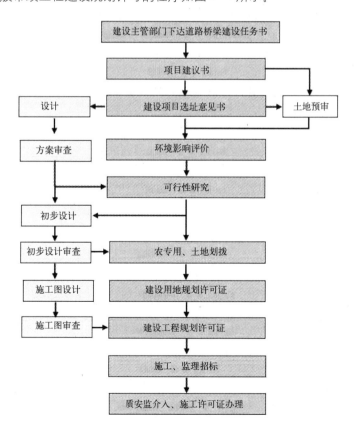

图 6-4 一般市政工程
建设规划许可的总
程序图

6.1.4 市政工程审批中要注意的问题

市政工程有其特殊性，规划审批时会遇到的一些需注意的问题：

1. 若市政管线与道路同步规划建设，其规划许可证与道路规划许可证一起办理。

2. 随着城市的发展，我国从计划经济向市场经济转型，过去市政工程都是由政府投资建设，现在可能由企业或个人来投资建设，就像客运站、水厂、调压站、公厕等工程，这就要求在规划审批程序上要分清楚，是划拨地，还是出让地。

3. 对于一些市政工程项目的审查，规划条件的提出，原则上应按照规范要求来认真审查，但是因为我国有很多的规范编制的时间已经很长，没有进行更新，有些规范与实际的城市发展情况不相适应，或是根本没有相应的规范，造成我们在规划审批中没有依据。比如水厂，土地部门供地时，要求规划部门提供容积率、建筑密度等技术指标，但是没有相应的规范可以查，这在规划审批时，就要求按照相关的设计规范，并与设计部门沟通，提出合理的技术指标。

4. 办理规划许可证时，办给谁的问题，在道路工程上最突出。政府没有资金来进行道路的建设，一般由开发单位来进行投资建设，那规划许可证给开发企业，还是给道路的业主单位？为了道路后期的维护管理，规划许可办给道路的业主单位比较合理，不能谁出钱办给谁。

5. 市政公共设施用地的预留问题，特别是公厕、中转站、游园、绿地等，如果在规划的实施中，不进行预留，或是不坚持规划实施，那这些公共设施将不能落地，欠账就会越来越多。

【案例 6-1】

某地区某道路跨河道路、桥梁工程的《建设项目选址意见书》、《建设用地规划许可证》、用地规划设计条件如图 6-5~ 图 6-7 所示。

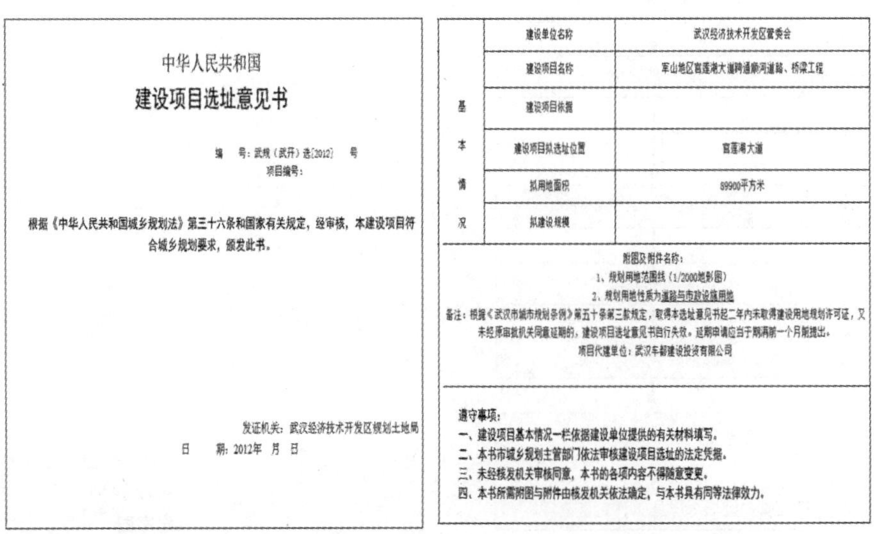

NO:

中华人民共和国
建设项目选址意见书

编 号：武规（武开）选[2012] 号
项目编号：

根据《中华人民共和国城乡规划法》第三十六条和国家有关规定，经审核，本建设项目符合城乡规划要求，颁发此书。

发证机关：武汉经济技术开发区规划土地局
日 期：2012年 月 日

	建设单位名称	武汉经济技术开发区管委会
基本情况	建设项目名称	军山地区官莲湖大道跨通巷河道路、桥梁工程
	建设项目性质	
	建设项目拟选位置	官莲湖大道
	拟用地面积	89900平方米
	拟建设规模	

附图及附件名称：
1、规划网地范围线（1/2000影形图）
2、规划用地性质为为道路与市政设施用地

备注：根据《武汉市城市规划条例》第五十条第三款规定，取得本选址意见书后起二年内未取得建设用地规划许可证，又未经原审批机关同意延期的，建设项目选址意见书自行失效。延期申请应当于期满前一个月提出。
项目代建单位：武汉车都建设投资有限公司

遵守事项：
一、建设项目基本情况一栏依据建设单位提供的有关材料填写。
二、本书市城乡规划主管部门依法审核建设项目选址的法定凭据。
三、未经核发机关审核同意，本书的各项内容不得随意变更。
四、本书所需附图与附件由核发机关依法确定，与本书具有同等法律效力。

图 6-5 建设项目选址意见书

中华人民共和国
建设用地规划许可证
编号：武规（武开）地[2012] 号

项目编号：

根据《中华人民共和国城乡规划法》第三十七条、第三十八条规定，经审核，本用地项目符合城乡规划要求，颁发此证

发证机关：武汉经济技术开发区规划土地局
日 期：2012年 月 日

用地单位	武汉经济技术开发区管委会		
项目名称	军山地区官莲湖大道跨通顺河道路、桥梁工程	规划用地性质	道路与交通设施用地
用地位置	官莲湖大道	图号	
用地面积	用地面积89900平方米（以实测为准）		

附图及附件名称：
1、规划用地范围线（1/2000地形图）
2、规划设计条件
备注：根据《湖北省城乡规划条例》第四十三条规定，本建设用地规划许可证有效期为两年，确需延期的，可依法申请延期一年。延期申请应当于期满前一个月前提出。
项目代建单位：武汉军都建设投资有限公司

遵守事项：
一、本证是经城乡规划行政主管部门依法审核，建设用地符合城乡规划要求的法律凭证。
二、凡未取得本证，而取得建设用地批准文件、占用土地的，批准文件无效。
三、未经发证机关审核同意，本证的有关规定不得变更。
四、本证所需附图与附件由发证机关依法确定，与本证具有同等法律效力。

图6-6 建设用地规划许可证

建设用地规划许可证附件：
规划设计条件
武汉经济技术开发区管委会：

你单位军山地区官莲湖大道跨通顺河道路、桥梁工程已经我局研究，同意按以下要求进行规划设计：

一、规划用地情况

1、规划用地总面积：89900平方米（以实测为准）；

2、规划用地性质：道路与交通设施用地；

3、用地位置：军山地区（详见规划用地范围线）。

二、建筑设计要求：

遵照《武汉市城市建筑规划管理实施办法》和武汉经济技术开发区规划控制要求的规定执行。

三、遵守事项

本规划设计（土地使用）条件作为建设单位进行规划建筑设计的必备条件，未经原批准机关同意，不得改变本条件规定的各项要求和指标。如确需调整，必须重新向原批准机关申报调整规划设计（土地使用）条件。

图6-7 规划设计条件

6.2 阳光规划与公众参与

6.2.1 阳光规划的内涵

阳光规划包含两方面的含义：一是增强规划的公开性和透明度，便于各界群众了解规划、监督规划的实施；二是增强规划的公众参与度。阳光规划贯穿于城市规划的编制、审批、实施管理和监督检查管理的全过程。

6.2.2 阳光规划的实施内容

1. 城乡规划制定中的公众参与

城乡规划编制期间及建设项目规划方案在依法审批之前，向社会公示规划设计方案，广泛征求社会各界意见。

《城乡规划法》中已确定提出城乡规划报送审批前，组织编制机关应将城乡规划草案予以公告，并采取论证会、听证会或者其他方式征求专家和公众的意见。城乡规划组织编制机关应及时公布经依法批准的城乡规划。

城市、县人民政府城乡规划主管部门或者省、自治区、直辖市人民政府确定的镇人民政府应当依法将经审定的修建性详细规划、建设工程设计方案的总平面图予以公布。

2. 城乡规划实施中的公众参与

任何单位和个人都有权就涉及其利害关系的建设活动是否符合规划的要求向城乡规划主管部门查询。

在城乡规划实施过程中，各类建设项目核发"一书两证"过程中形成的意见，在核发"一书两证"之前向社会公布、展示。建设项目在获得建设工程规划许可证之后，在建设工程放线前，在建设工程醒目位置设置工程批后公示牌。目的是使社会各界能及时了解规划实施动态，参与监督规划的实施。

3. 城乡规划执法中的公众参与

城乡规划执法阶段是阳光规划的重要环节，城乡规划违法案件可在下达行政处罚决定后，向社会公示违法项目名称、建设单位、违法事实和处理意见，将违法建设项目"曝光"，以便社会各界能配合规划部门共同制止并纠正违法建设行为。

6.2.3 完善城乡规划公众参与制度

公众参与在我国现阶段已经得到重视，城乡规划公众参与制度已经基本建立，公众参与实践也已在城乡规划中全面开展。但也存在公众参与在实践中流于形式的问题，需要在以下几个方面做出更多的努力：

1. 完善公众参与沟通交流机制

完善公众参与的沟通交流机制，目的是改变目前公众参与方式单一的问题，在沟通与交流上投入时间精力，通过沟通交流使规划信息更直观和通俗易懂。如将规划图纸制作成宣传片形式、建筑模型、规划信息数据库查询等手段使公众更直观地了解规划信息；增加开展征求意见会、座谈会、讨论会等面对面的交流形式。

2. 完善公众参与保障机制

要吸引广泛公众参与，还要减少公众参与投入的成本。如建立便捷的互联网参与机制，使大多数公众能方便快捷地参与到规划决策中来。又如建立类似英国城乡规划协会的规划援助机构，对弱势群体提供免费的规划专业技术性援助，以体现社会的公平性，疏解社会矛盾。

3. 提升公众参与效果

要有效地调动公众参与城市规划的积极性，还要提升公众参与效果，即完善公众参与的反馈机制。建立有效的公众参与反馈机制，如形成"参与—反馈—再参与"的机制，从而促进公众参与城乡规划的互动性与连续性。为提升公众参与效果，需要针对城乡规划不同阶段确定不同的参与主体。宏观层面如总体规划、专项规划等需要更多专业理性的思考，公众参与的对象应选取专业关联度大的部门和技术人员作为参与主体。而对于微观层面规划如详细规划、规划实施等涉及具体地块的规划，其利益指向比较明确的，就要注重具体利害关系人的参与。城乡规划公众参与制度应针对不同阶段确定不同的参与主体，确定不同的参与方式，提出更具体、更有针对性的分门别类的参与要求。

4. 建立完善公众参与组织

我国现阶段城乡规划的公众参与在很大程度上局限于个人参与，由于缺乏公众参与的有效组织，个人对政策的影响微乎其微，公众参与的效果也大打折扣。

发达国家的实践表明，真正富有成效的公众参与不是个人层次上的参与，而是由具有共同利益的非营利机构、企业、社区等非政府组织机构的参与，并且是制度化的经常性的参与，这正是我国现阶段公众参与的欠缺之处。

【思考题】

1. 市政工程与建筑工程在规划管理上有什么特点？

2. 市政工程规划管理的一般程序是什么？

3. 城乡规划制定过程中的公众参与体现在哪些环节？

4. 城乡规划实施过程中的公众参与如何体现？

5. 公众参与在规划执法过程中如何落实？

参考文献

[1]   执业资格考试命题中心．城市规划实务（第 3 版）[M]．南京：江苏科学技术出版社，2014．

[2]   耿慧志．城市规划管理教程 [M]．南京：东南大学出版社，2008．

[3]   耿毓修．城市规划管理 [M]．北京：中国建筑工业出版社，2007．

[4]   邱跃，苏海龙．城市规划管理与法规 [M]．北京：中国建筑工业出版社，2013．

[5]   邱跃，苏海龙．全国注册城市规划师执业资格考试辅导教材（第八版）第 4 分册城市规划实务 [M]．北京：中国建筑工业出版社，2013．

[6]   住房和城乡建设部稽查办公室．住房城乡建设稽查执法工作手册．北京：中国建筑工业出版社，2011．

[7]   王国恩．城乡规划管理与法规 [M]．北京：中国建筑工业出版社，2009．

[8]   全国人大常委会法制工作委员会．《城乡规划法解说》[M]．北京：知识产权出版社，2016．

[9]   杨俊宴，杨扬．论阳光规划的机制建设——江苏规划实践的经验与思考 [J]．规划师，2009（5）．

[10]   张维功，王卉．″阳光规划″管理机制与方法 [C]// 中国城市规划学会．中国城市规划学会 2002 年年会论文集．2002．

[11]   南京市规划局．规划审批各阶段申请表 [EB/OL]．[2015-05-08].http://www.njghj.gov.cn/NGWeb/Page/Detail.asp×??CategoryID=274faed4-3d40-4dc4-87ee-1e49a5fbf02d&InfoGuid=5dabf6f8-da67-4726-82f5-f6d7540805dd．

[12]   常州市规划局．规划局内设机构工作职责 [EB/OL]．[2016-06-29].http://czghj.gov.cn/info/479263323430.html．